ワイヤレスブロードバンド技術

IEEE802と4G携帯の展開，OFDMとMIMOの技術

工学博士
根日屋英之，小川 真紀 著

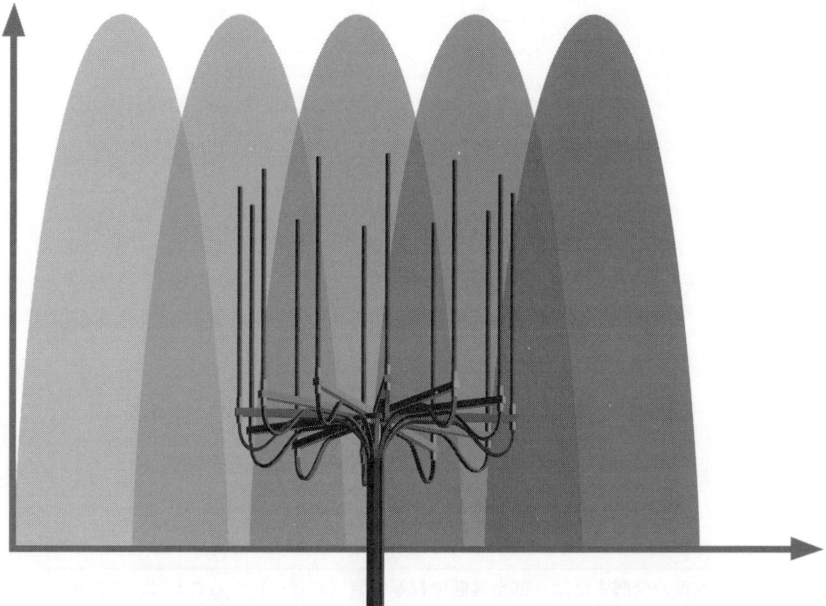

TDU 東京電機大学出版局

本書の全部または一部を無断で複写複製（コピー）することは，著作権法上での例外を除き，禁じられています．小局は，著者から複写に係る権利の管理につき委託を受けていますので，本書からの複写を希望される場合は，必ず小局（03-5280-3422）宛ご連絡ください．

はじめに

　情報通信時代では，ブロードバンドと呼ばれる高速大容量伝送通信の時代に突入した．また，インターネット接続を行うことにより，今までの国内主体の通信網から世界規模の通信網へと，通信範囲も広がった．有線通信の世界では，ISDNからADSLへ，そしてFTTHへと進化してきた．しかし，有線通信では移動ができないため，移動通信を主体としたユビキタスネットワーク社会の実現に向けて，有線ブロードバンドとワイヤレスブロードバンドの融合が必須となってきた．総務省が，3～6GHz帯を主に使用する固定無線，無線標定，衛星通信など，各システムの周波数有効利用方策の検討を始めたことにより，マイクロ波無線通信ではWiMAX (World Interoperability for Microwave Access)，iBurst，UWB (Ultra WideBand)，高速無線LAN，第4世代携帯電話など，いろいろなシステムが提案され，その動向が注目されている．また，無線通信で情報の漏洩を問題視するユーザの間では，空間光通信への期待も高まっている．
　ワイヤレスブロードバンドでは，限られた資源（時間，周波数，空間）を有効に活用し，大容量の情報を高速に伝送する技術が必要となる．その要素技術は，その資源に複数の入出力のポートを持たせるMIMO (Multiple Input Multiple Output)の技術であろう．また，多重化技術のOFDM (Orthogonal Frequency Division Multiplex)もその要素技術の一つといえる．
　本書では，第1章ではワイヤレスもブロードバンドの時代を迎えた背景，第2章では携帯電話，第3章では広帯域移動無線アクセス，第4章では有線ブロードバンド代替システム，第5章ではITS，第6章では次世代情報家電，第7章では空間光通信，第8章ではソフトウェア無線，第9章ではブロードバンド通信に適した変復調・多重化・多元接続の技術，第10章ではスマートアンテナ技術，第

11章では電波伝搬,第12章ではワイヤレスブロードバンドの今後の課題と期待について述べる.本書がワイヤレスブロードバンドや空間光通信に興味を持つ人々にとって参考になれば幸いである.

2006年6月

根日屋 英之

小川　真紀

謝辞

本書を執筆するにあたり有益なご助言をいただきました，日本大学 長谷部望氏，坂口浩一氏，長澤幸二氏，三枝健二氏，忠南大学校工科大学 禹鍾明氏，慶應義塾大学 中川正雄氏，春山真一郎氏，ソーバル株式会社 上代忠氏，日本電気株式会社 倉本晶夫氏，平部正司氏，有限会社ディーエスピー技研 塚本信夫氏（工学博士），株式会社ケーオーシー 岡部和夫氏（1技），有限会社ラジックス 田中敏之氏，有限会社ビア・トレーディング 根日屋尚之氏，株式会社アンプレット Bernhard Thiem氏，根日屋順子氏に深謝いたします．

また，本書の原稿作成のために快くiBurstの施設見学させていただき，実験を行ってくださいました京セラ株式会社の関係各位に感謝いたします．

本書出版にあたり多大なご尽力を賜りました東京電機大学出版局の植村八潮氏，菊地雅之氏に感謝いたします．

目 次

はじめに　　　　　　　　　　　　　　　　　　　　　　　　　　　i
謝辞　　　　　　　　　　　　　　　　　　　　　　　　　　　　　iii

第1章　ワイヤレスもブロードバンドの時代に　　　　　　　　　1
  1.1　有線ブロードバンドとワイヤレスブロードバンドの融合………　2
      1.1.1　ADSL………………………………………………………　3
      1.1.2　FTTH………………………………………………………　4
      1.1.3　CATV………………………………………………………　4
      1.1.4　FTTR………………………………………………………　4
      1.1.5　PLC…………………………………………………………　5
  1.2　電波政策ビジョン……………………………………………………　5
  1.3　周波数の再編方針……………………………………………………　6
      1.3.1　再編方針1…………………………………………………　6
      1.3.2　再編方針2…………………………………………………　7
  1.4　カバーエリアによる無線システムの分類…………………………　9
  1.5　ワイヤレスブロードバンドの要素技術はMIMO ………………　12

第2章　携帯電話　　　　　　　　　　　　　　　　　　　　　14
  2.1　携帯電話の歴史 ……………………………………………………　15
      2.1.1　第1世代携帯電話 ………………………………………　15
      2.1.2　第2世代携帯電話 ………………………………………　16

目次　　　　　　　　　　　　　　　　　　　　　　v

	2.1.3 第2.5世代携帯電話 ………………………………	21
	2.1.4 第3世代携帯電話 ……………………………………	21
2.2	高度化3G携帯電話（3.5G）…………………………………	26
2.3	第4世代携帯電話 ……………………………………………	30

第3章　広帯域移動無線アクセス　　　　　　　　　　32

3.1	WiMAX（IEEE 802.16e）………………………………	34
3.2	Flash-OFDM …………………………………………………	37
3.3	進化するPHS …………………………………………………	38
	3.3.1 高度化PHS（W-OAM）……………………………	38
	3.3.2 次世代PHS …………………………………………	39
3.4	iBurst（京セラの実験局）…………………………………	40
3.5	WiBro …………………………………………………………	44

第4章　有線ブロードバンド代替システム　　　　　　46

4.1	WiMAX（IEEE 802.16-2004）…………………………	48
4.2	iBurst …………………………………………………………	50
4.3	HSDPA ………………………………………………………	53

第5章　ITS　　　　　　　　　　　　　　　　　　　55

5.1	自律型システム ………………………………………………	56
5.2	車車間通信システム …………………………………………	57
5.3	路車間通信システム …………………………………………	59
5.4	DSRC …………………………………………………………	60
5.5	アメリカの車車間通信，路車間通信システムの動向 ………	61
5.6	欧州の車車間通信，路車間通信システムの動向 ……………	62

第6章 次世代情報家電　　　63

- 6.1 無線LAN（IEEE 802.11） …………………………… 65
- 6.2 UWB（Ultra Wide Band） ……………………………… 69
  - 6.2.1 日本におけるUWB無線システム ……………… 69
  - 6.2.2 DS-UWB方式 …………………………………… 73
  - 6.2.3 マルチバンドOFDM方式 ……………………… 74
  - 6.2.4 低速UWB ………………………………………… 74
- 6.3 60GHzミリ波システム ………………………………… 78

第7章 空間光通信　　　80

- 7.1 赤外線通信 ……………………………………………… 82
- 7.2 可視光通信 ……………………………………………… 85
- 7.3 可視光・赤外線ハイブリッド空間光通信 …………… 88

第8章 ソフトウェア無線の技術　　　90

- 8.1 ソフトウェア無線 ……………………………………… 90
- 8.2 リコンフィギュラブル無線 …………………………… 92
  - 8.2.1 BitWave Semiconductor ………………………… 92
- 8.3 コグニティブ無線 ……………………………………… 93

第9章 変復調・多重化・多元接続の技術　　　96

- 9.1 変復調 …………………………………………………… 96
  - 9.1.1 ASK（Amplitude Shift Keying） ………………… 98
  - 9.1.2 FSK（Frequency Shift Keying） ………………… 99
  - 9.1.3 PSK（Phase Shift Keying） ……………………… 101
  - 9.1.4 QAM（Quadrature Amplitude Modulation） …… 105
- 9.2 単方向と双方向通信 …………………………………… 106
- 9.3 多元接続技術 …………………………………………… 108

9.3.1　FDMA（周波数分割多元接続）方式 …………………… 108
　　　9.3.2　TDMA（時分割多元接続）方式 ………………………… 109
　　　9.3.3　CDMA（符号分割多元接続）方式 …………………… 110
　　　9.3.4　SDMA（空間分割多元接続）方式 …………………… 116
　　　9.3.5　PDMA（偏波面分割多元接続）方式 ………………… 116
　　　9.3.6　OFDMと組み合わせた多元接続 ……………………… 117
　　　9.3.7　OFDMA（直交周波数分割多元接続）方式 ………… 120
　　　9.3.8　SOFDMA（スケーラブル直交周波数分割多元接続）方式　121

第10章　スマートアンテナ技術　　123
　10.1　アダプティブアンテナシステム（AAS）方式 …………… 125
　10.2　MIMO（Multiple Input Multiple Output）方式 ………… 136
　　　10.2.1　受信信号分離アルゴリズム …………………………… 137
　　　10.2.2　閉ループ型MIMOと開ループ型MIMO …………… 140
　　　10.2.3　SISO方式，SIMO方式，MISO方式，MIMO方式 … 141
　10.3　MIMO方式を用いたダイバーシチ方式 …………………… 142
　10.4　AAS方式とMIMO方式の比較 …………………………… 144
　10.5　ArrayComm-MAS方式 ……………………………………… 147

第11章　電波伝搬　　150
　11.1　自由空間損失 …………………………………………………… 150
　11.2　平面大地反射波の影響 ………………………………………… 152
　11.3　フリスの伝搬損失計算式 ……………………………………… 153
　11.4　奥村・秦モデルの都市部の伝搬損失 ………………………… 153
　11.5　奥村・秦モデルの郊外の伝搬損失 …………………………… 153
　11.6　秦モデル（拡張版）の都市部の伝搬損失 …………………… 154
　11.7　フェージング …………………………………………………… 155

第12章 ワイヤレスブロードバンドの今後の課題　157

12.1　周波数の有効利用 …………………………………… 157

12.2　今後の技術課題と期待 ………………………………… 159

12.3　法的な問題点 …………………………………………… 160

12.4　その他の希望 …………………………………………… 160

付　録 ……………………………………………………… 163

参考文献 …………………………………………………… 166

索　引 ……………………………………………………… 167

第1章

ワイヤレスもブロードバンドの時代に

インターネットの普及に伴い，ブロードバンド通信への興味も深まっている．ブロードバンドの定義は，国際標準化機関であるITU[*]における電気通信標準化部門ITU-T[*]のITU-T L113勧告では伝送速度を1.5～2Mbps以上としているが，現時点では1Mbps以上の伝送速度の通信をブロードバンドとしている例が多い．総務省の2005年9月末の統計によると，有線系ブロードバンドの加入者数は，ADSL（約1,431万），FTTH（約398万），CATV（約312万）と合計約2,141万である．

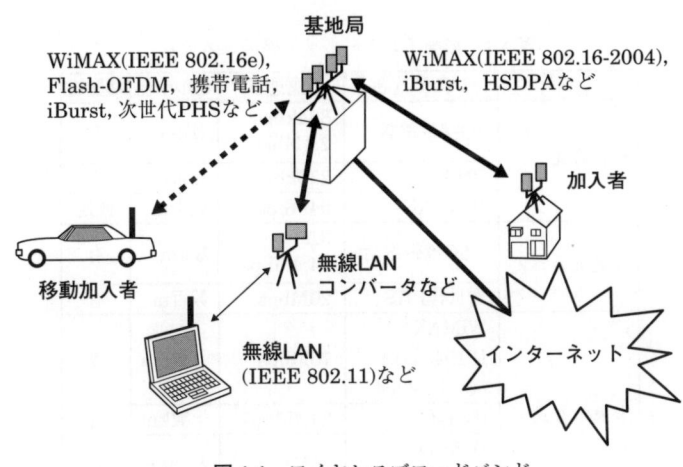

図 1.1　ワイヤレスブロードバンド

---

[*] ITU （International Telecommunication Union）
　ITU-T （ITU-Telecommunication standardization sector）

図1.1に示すように，高速移動しながらインターネットに無線で接続したいというニーズも高く，2006年はワイヤレスブロードバンドサービスが本格的に立ち上がる時期となる．

1.1 有線ブロードバンドとワイヤレスブロードバンドの融合

ユビキタスネットワーク社会の実現に向け，有線ブロードバンドとワイヤレスブロードバンドの融合は必須である．表1.1に，ワイヤレスブロードバンドにおける現行方式から未来方式のシステムの概要を示す．今後，これらのシステムの普及に伴って，周波数需要の増大が予想される．総務省は，将来のワイヤレスブロードバンドの利用形態に関する研究やマーケットの調査を行い，日本が世界でも最先端のワイヤレスブロードバンド環境を持つ国となるために，周波数の再編に取り組んでいる．

ワイヤレスブロードバンドに関する基本的な視点として，総務省は次のものを挙げている．

表1.1 無線インターネット接続システム

	システム名	通信速度	セル半径	機動性
現行方式	3G携帯電話	384kbps～2.4Mbps	数km	有
	PHS	256kbps	数百m	有
	無線LAN	54Mbps	数十m	低速
近未来の方式	3.5G携帯電話	3.1～14.4Mbps	数km	有
	次世代PHS	20Mbps	数百m	有
未来の方式	WiMAX IEEE［注］802.16-2004	75Mbps	十数km	無
	iBurst	24.4Mbps	十数km	有
	WiMAX IEEE 802.16e	75Mbps	2～3km	有
	4G携帯電話	100Mbps	数km	有

注 IEEE (Institute of Electrical and Electronics Engineers：米国電気電子学会)

・ユーザの視点（システムパフォーマンス，選択幅）
・産業の視点（提供形態，国際協力，標準化）
・技術革新の視点（汎用化，モジュール化）
・公共性の視点（ディバイド，防災・緊急通信）
・セキュリティの視点（安全なコンテンツの供給）
・電波の有効利用の視点（周波数の再利用，システム供給，競争促進）

　新たなシステムを導入するためには，必要となる周波数を必要な時期までに確保する必要がある．総務省は，ワイヤレスブロードバンドのニーズを想定し，七つの利用シーンに類型化した．そして，ニーズに適合したシステムと無線技術の要件を抽出するためにアンケートを行った．また，44者77件の提案公募（第4世代移動通信システム，無線アクセスシステム，次世代情報家電，安全・安心のためのITSなど）をシーンごとに分類し，システムの具体化（提供サービス形態，サービスエリア，通信品質，伝送速度など）の検討を行い，導入シナリオ，周波数の分配(適した周波数帯，及び必要な周波数幅)，普及推進の方策を示した．
　以下に有線系ブロードバンドについて説明する．有線系ブロードバンドでは，ADSL（Asymmetric Digital Subscriber Line），FTTH（Fiber To The Home），CATV（Community Antenna TeleVision）などが実用化されており，最近では，FTTR（Fiber To The Remote terminal）やPLC（Power Line Communications）も話題になっている．

1.1.1　ADSL

　ADSLとは，一般固定電話の1対の電話線を使用し，音声通信に利用している周波数よりも高い周波数帯を用いてデータ通信を行うものである．既にほとんどの家庭，事務所などに引き込まれている電話線を用いるため，宅内引き込み工事が不要であるので広く普及している．電話線を用いているので信号の減衰が大きく，ADSLが利用できる範囲は電話局から6〜7kmの範囲である．"Asymmetric

（非対称）"が意味するように，下り回線（電話局から利用者）と上り回線（利用者から電話局）の通信速度が異なる．実際の通信速度は，電話局からの距離や電話線の品質に大きく影響される．国内では，NTTは1999年12月からG.992.2（G.lite）規格による1.5Mbpsサービスを始めたが，Yahoo BBは2001年8月からG.992.1（G.dmt）規格による8Mbpsサービスを開始した．2002年9月以降，G.992.1規格を独自に拡張して12Mbpsのサービスを行うADSL事業者も現れた．その後，各社とも通信速度の高速化が進み，現在，最高47〜50Mbpsのサービスを行っている．

1.1.2　FTTH

FTTHは，各家庭や事務所まで光ファイバを引き込み，テレビ放送，電話，インターネットなどの通信サービスを享受する．従来の電話線による通信サービスに比べて大容量（1Gbps程度）の通信サービスが可能で，FTTHを利用できる範囲は，電話局から10〜20kmである．ブロードバンドの「本命」と期待されているが，光ファイバを新たに敷設するには宅内引き込み工事が必要となるので，ADSLなど既存インフラを活用するサービスに比べると普及の速度は鈍い．

1.1.3　CATV

CATVは有線（ケーブル）によるテレビ放送サービスで，山間部や人口密度の低い地域，都市部でも地上波テレビ放送の電波が届きにくい地域などでテレビの視聴が可能となる．CATVのケーブルを用いたインターネット接続サービスも行われている．

1.1.4　FTTR

FTTRとは，通信回線として各家庭や事務所の近くまでは光ファイバを利用し，屋内への引き込みには電話線を用いた通信サービスである．FTTHのような宅内引き込み工事は不要で，ADSLに比べ信号の減衰も少ない．比較的高速（50〜100Mbps程度）な通信速度を得ることができ，FTTRを利用できる範囲は電話

局から 10 ～ 20km と広い．しかし，通信事業者はユーザの近くに集合型伝送装置や光通信の終端装置を設置する必要がある．既存の隣接する ADSL 回線と FTTR の xDSL 回線の信号が相互の干渉問題を起こすことも懸念され，導入前には十分な実証実験や議論が必要である．

1.1.5　PLC

PLC とは，電力線を通信回線として利用する技術で，電気のコンセントに通信用装置（PLC モデム）を設置し，それにパーソナルコンピュータ（以下，PC と略す）などを繋ぐことによりインターネットへの接続が可能となる．通信速度は数～数百 Mbps が得られる．新たに通信用のケーブルを敷設する必要はなく，電力会社の既存の配電網をそのまま通信用のインフラとして利用するが，不要な漏洩電波による周囲の機器などへの悪影響や，アマチュア無線，ラジオ放送の受信に障害を与えることも懸念されるので，導入前には十分な検討や実証実験などが必要である．

1.2　電波政策ビジョン

総務省では，2005 年 7 月の情報通信審議会答申を受け，今後の周波数需要の増大に対し，以下の七つの電波開放戦略を立てた．

① 基本的な周波数割当ての見直し
② 周波数の再配分，割当制度の整備
③ 電波利用料制度の抜本的な見直し
④ 研究開発の推進
⑤ 無線端末の円滑な普及促進
⑥ 国際戦略の一層の強化
⑦ 安心で安全な電波利用環境の整備

今後，ワイヤレスブロードバンドの推進の具体策として，既存利用周波数の再

編や新システムへの周波数の再配分を行い，電波利用環境を整える．

1.3 周波数の再編方針

総務省が2005年10月に発表した周波数の再編方針を以下に述べる．

1.3.1 再編方針1

(1) 移動通信システム

現状，約270MHz幅を確保している．

2010年までに330～340MHz幅を確保：現在，800MHz帯MCA（Multi Channel Access system）陸上移動無線などで利用している8MHz幅，国の固定通信や民間の衛星通信で利用している1.7GHz帯と2.5GHz帯の一部の帯域，2GHz帯の15MHz幅などから確保する．

2015年までに1,060～1,380MHz幅を確保：現在，放送で利用しているVHF帯/UHF帯の一部，800MHz帯の地域防災無線や空港無線電話などで利用している10MHz幅，1.5GHz帯のMCA陸上移動無線などで利用している18MHz幅，放送中継で使用している3.5GHz帯の200MHz幅の一部，電気通信事業者が固定通信で利用している4GHz帯/5GHz帯の一部の帯域から確保する．

(2) 無線LAN，NWA（Nomadic Wireless Access）

現状，160～200MHz幅を確保している．

2010年までに最大で480MHz幅を確保：現在，電気通信事業者が固定通信で利用している4.9～5.0GHz帯の100MHz幅，国や電力会社などが気象レーダに利用している5.25～5.35GHz帯の100MHz幅，国などがレーダで利用している5.47～5.725GHzの一部の帯域から確保する．

2015年までに最大740MHz幅を確保：電気通信事業者が固定通信で利用している5GHz帯の一部，準ミリ波帯の利用拡大及びミリ波帯（59～66GHz）の開発，導入などから確保する．

(3) 地上波テレビジョン放送

2003年12月に関東,中京,近畿の三大広域圏,2006年末までにその他の地域で地上波ディジタル放送を開始する.2011年には地上波アナログ放送を終了する.
・地上波ディジタル放送の円滑な全国展開のための周波数割当てを行う.
・VHF帯の一部は,地上波ディジタル音声放送,移動通信に関する今後のニーズを踏まえ,2011年以降,新規需要への割当てを検討する.
・UHF帯の一部は,2012年以降に移動通信システムに割当てを検討する.

(4) RFID(電子タグ)

現状,135kHz帯(10～135kHz),13.56MHz帯(13.553～13.567MHz),950MHz帯(952～954MHz),2.45GHz帯(2.4～2.4835GHz)などを確保している.

(5) UWB,ITS,準天頂衛星通信システム,情報家電など

電波利用システムの高度化,開発の進展,及び導入の促進を行う.

UWB無線システム:情報通信審議会におけるマイクロ波帯(3.1～10.6GHz)への導入のための技術的条件の検討結果を踏まえ,2006年に制度化を目指す予定である.

ITS(Intelligent Transport Systems)関連電波システム:既存の5.8GHz帯(5.77～5.85GHz)における周波数の効率的利用の促進を行いつつ,高度化について利用周波数帯などを検討する.

準天頂衛星通信システム:WRC-2003(World Radiocommunication Conference:世界無線会議)で2.6GHz帯(2.605～2.630GHz)が音声放送用に分配されたことを踏まえ,利用周波数帯などを検討する.

情報家電:電波の利用状況の調査結果や市場のニーズを踏まえ,5GHz帯近辺の具体的な利用周波数帯,必要な周波数帯域幅などを検討する.

1.3.2　再編方針2

2006年1月26日の社団法人 電波産業会(以下,ARIBと称す.ARIB:Association of Radio Industries and Businesses)の第54回電波利用懇話会に

おいて，総務省 総合通信基盤局 電波部 電波政策課 周波数調整官の小泉純子氏は，「ニーズ要素から構成される将来の利用シーンの類型化」として，七つの利用シーンを紹介した．

[利用シーン1]

ユーザは使用する場所をまったく意識することなく，一度接続すると，例えば移動中の車中などでも一定品質が確保される移動無線サービスを享受する．

その無線システムとして，800MHz帯や1.5/1.7/2.0/2.5GHz帯の周波数での高度化3G携帯電話システム，移動時に100Mbpsの通信を実現する3.4〜4.2GHz，4.4〜4.9GHz帯の周波数での4G携帯電話システムなどを検討している．

[利用シーン2]

日常の行動範囲内であれば場所を問わず，自宅や職場から持ち出したパソコンをブロードバンド環境で使用することができるサービスを享受する．

モバイルホーム，モバイルオフィスなどを想定し，携帯電話や無線LANと組み合わせて利用する．必要に応じて，インターネットに常時接続が可能な2.5GHz帯の周波数で利用される広帯域移動無線アクセスのWiMAX（IEEE 802.16e），Flash-OFDM，iBurst，次世代PHSなどを検討している．

[利用シーン3]

ある特定地域でのみ利用が可能で，そこに行けば簡単に多様なブロードバンドサービスを受けられる．

無線LANのホットスポットなどを検討している．

[利用シーン4]

有線ブロードバンドを敷設することが地理的要因により困難な離島や山間部，また，有線ブロードバンドを敷設するにはユーザが少なくコスト的に合わない地域の家や職場や施設などにおいて，有線と同等なブロードバンドサービスを無線により享受する．

条件不利な地域で有線に代わり，所要の通信品質を安価に確保できる回線として無線を用いる．割当周波数として，1.5GHz帯/2.5GHz帯（移動通信システム

用周波数の地域利用），4.9～5.0GHz（登録制度の帯域）が候補となっており，WiMAX（IEEE 802.16-2004），iBurst，高度化DS-CDMA（HSDPA）などのシステムを検討している．

[利用シーン5]

近距離にある無線機器同士が自動的に最適なネットワークを構築し，利用者が機器同士の通信を意識することなく利用できる．

有線よりも簡易に接続を確立できる5GHz帯の無線LANとの共用や，WiFiの高度化を図った次世代情報家電などを検討している．

[利用シーン6]

移動する車載の無線通信機器同士が自動的にネットワークを構築し，利用者が機器同士の通信を意識することなく利用できる．

瞬時にアドホック的な無線通信網を構築し，交通事故を未然に防ぐための安全・安心高度化ITSなどを想定している．見通しの悪い交差点などで用いるVHF帯/UHF帯を用いた車車間通信，既存利用周波数帯域（5.8GHz帯）を拡張して，信号機などから道路状況を伝える路車間通信，世界的に共通な周波数である79GHz帯（78～81GHz）を用いた通行人，ベビーカーなども識別できるミリ波レーダを検討している．

[利用シーン7]

災害などの非常時に，通信システムを選ばず，確実に必要最小限の情報のやり取りをすることが可能であるシステムを検討している（非常時の通信）．

今後，総務省は，電波法に基づく周波数割当計画の改定を段階的に実施していく．

1.4 カバーエリアによる無線システムの分類

ネットワークは，そのカバーエリアの広い順に，広域（Wide），都市部

(Metropolitan), 局所 (Local), 個人 (Personal) と区分し, 各々の頭文字をとってWAN (Wide Area Network), MAN (Metropolitan Area Network), LAN (Local Area Network), PAN (Personal Area Network) と呼んでいる. このネットワークを無線で実現するとき, 接頭に「無線」またはWirelessを意味する"W"をつけ, 無線WAN (WWAN), 無線MAN (WMAN), 無線LAN (WLAN), 無線PAN (WPAN) という.

WMANでは, 世界的にIEEE 802.16規格に準拠したWiMAXシステムが注目されている. WiMAXシステムは, カバーエリアが数十km, 最大通信速度75Mbpsが可能である. 今後は携帯電話と共存, または携帯電話と競合するシステムになるであろう. 世界的にWiMAXシステムの周波数の割り当てが検討されている. 以下に, WiMAX Forumの「Regulatory Working Group Update (2005年1月)」に示された各地域の候補周波数を列記する. ここで, 2.3GHz帯/2.5GHz/3.3GHz帯/3.5GHz帯は免許が必要な周波数帯, 5.8GHz帯は免許不要の周波数帯である.

・アメリカ：2.5GHz帯/5.8GHz帯
・カナダ：2.5GHz帯/3.5GHz帯/5.8GHz帯
・中央・南アメリカ：2.5GHz帯/3.5GHz帯/5.8GHz帯
・ヨーロッパ：2.5GHz帯(将来？)/3.5GHz帯/5.8GHz帯
・中近東・アフリカ：3.5GHz帯/5.8GHz帯
・ロシア：2.3GHz帯(将来？)/2.5GHz帯(将来？)/3.5GHz帯
・アジア・太平地域：2.3GHz帯/2.5GHz帯(将来？)/3.3GHz帯/3.5GHz帯/5.8GHz帯

以下に各国のWiMAX（韓国はWiBro）の候補周波数を列記する．

・イギリス：5.8GHz帯
・フランス：3.5GHz帯
・ドイツ：3.5GHz帯

・オーストラリア：3.4〜3.5GHz
・韓国：2.3GHz帯（WiBro）

WLANはカバーエリアが数十m程度で，すでに多くのユーザが用いているIEEE 802.11の無線LANシステムが有名である．2.45GHz帯を用いた通信速度が11MbpsのIEEE 802.11b，54MbpsのIEEE 802.11g，5GHz帯を用いた通信速度が54MbpsのIEEE 802.11aが広く用いられている．また，将来のシステムとして，超高速無線LANのIEEE 802.11nが検討されている．

WLANよりも狭い数m程度のカバーエリアのWPANとしては，IrDAやBluetooth（IEEE 802.15.1）が実用化されている．その他のシステムとして，通信速度が480MbpsのUWB（Ultra Wide Band）は，IEEE 802.15.TG3aで標準化が進められている．また，通信速度は250kbpsではあるが，28kBという小さなプロトコルスタックのZigBee（IEEE 802.15.4）も注目を浴びている．

図1.2に，IEEE 802をカバーエリアにより分類した．

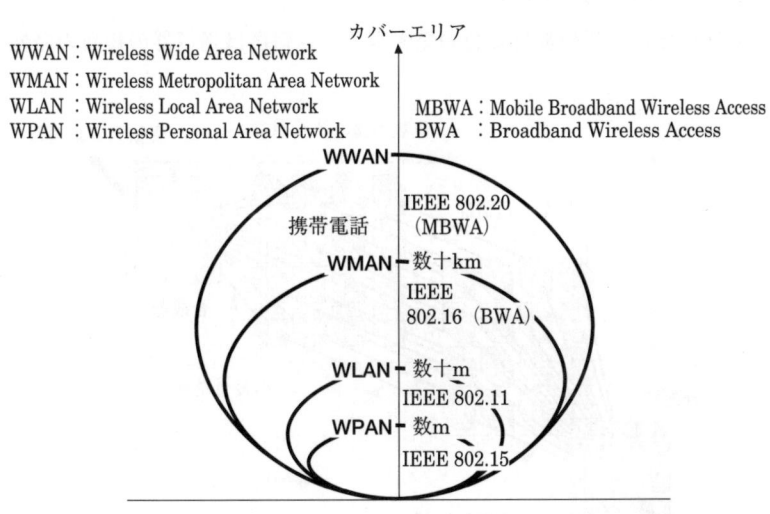

図1.2 カバーエリアによる分類

1.5　ワイヤレスブロードバンドの要素技術はMIMO

　ワイヤレスブロードバンドで大容量情報の通信を行う技術には，図1.3に示すようなMIMOの技術がある．送信側の送りたい大容量情報を分配器で小容量の情報に分割し，その各々の情報を複数の送信群で並列伝送する．この並列伝送された信号を複数の受信群で受信し，そこで得られた各々の小容量の情報信号を合成器で合成することにより，送信された大容量情報を受信側で再生する．この並列情報伝送部分を閉空間と考えれば，そこには複数の入力ポートと出力ポートを持つMIMO（Multiple Input Multiple Output）空間が存在する．

　図中の複数の送信群，複数の受信群は，無線通信，空間光通信，アンテナにおける各々の多重化技術において，以下に述べるものに相当する．

・無線通信のOFDM方式では，この送信群と受信群は複数のサブキャリア（副搬送波）に相当する（第9章）．
・空間光通信では，送信群は複数の発光素子，受信群は送信群の複数の発光素子

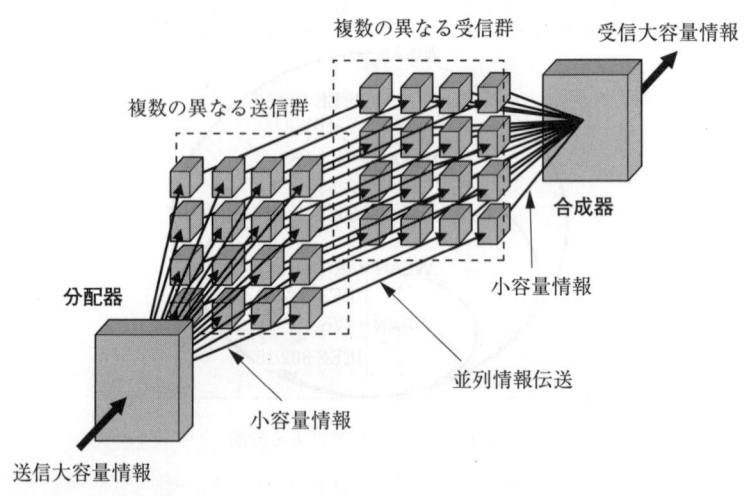

図1.3　MIMOの技術

に対向した複数の受光素子に相当する(第7章).
・MIMO方式を用いたアンテナシステムでは,この送信群は複数の送信素子アンテナ,受信群は複数の受信素子アンテナに相当する(第10章).

ここで,無線通信における多重化にOFDM方式,アンテナにMIMO方式を組み合わせると,その相乗効果で限られた周波数帯域幅,限られた空間で,より高速な大容量伝送を行うことができる.これからのワイヤレスブロードバンドの要素技術は,MIMOの技術といえそうである.

第2章

携帯電話

　携帯電話システムは全国的な規模で利用可能で，すでに広く普及している．現在，世界的な主流となっている第3世代（以下3Gと称す）携帯電話は，1999年にITU*が策定したIMT-2000*として標準化されたものである．2GHz帯（1885〜2025MHz及び2110〜2200MHz）を使用して，伝送速度2Mbpsを目標としていた．IMT-2000にはいくつかの提案方式があり，日本と欧州が共同で提案したW-CDMA，アメリカから提案されたCDMA 2000は，どちらも現在広く用いられている．日本では，W-CDMAはNTTドコモとボーダフォン，CDMA 2000はKDDIがサービスを提供している．世界70ケ国の158移動通信事業者がサービスを展開している3G携帯電話の2005年6月末時点の加入者数は，CDMA 2000 1xが14,340万，CDMA 2000 1x EV-DOが1,510万，W-CDMAが2,820万などで，総数は18,700万である．

　日本国内での携帯電話の加入者数は，総務省の2006年4月末の統計によると，NTTドコモは約5,140万，auは約2,300万，ツーカーは約260万，ボーダフォンは約1,520万で，合計約9,200万に至っている．システム別の内訳は，PDC（NTTドコモは約2,680万，ツーカーは約260万，ボーダフォンは約1,200万，いずれも減少傾向）が合計約4,100万，cdmaOne（KDDIで減少傾向）が約84万，W-CDMA（NTTドコモが約2,460万，ボーダフォンが約320万，共に増加傾向）が合計約2,800万，CDMA 2000 1x（KDDIで増加傾向）が約2,200万となっている．

---

* ITU（International Telecommunication Union）
　IMT-2000（International Mobile Telecommunications-2000）

2.1 携帯電話の歴史

　世界で最初の公衆交換電話網と接続できる移動電話サービスは，1946年にアメリカのミズーリ州セントルイス市にて，サウスウエスタン・ベル電話会社の手動交換接続（交換手が必要）によって行われた．これは現在の携帯電話とは異なり，自動車を対象としたサービスであった．周波数は150MHz帯6チャンネル（60kHz間隔）を用いた単信方式で，一つの基地局が受け持つセル半径は20～30kmの大ゾーン方式で，当時はハンドオーバ（移動に応じて接続相手を切り替える）機能は無かった．その後，1961年に400MHz帯が割り当てられ，1967年には自動交換接続のサービスが開始された．

　日本でも，1954年に電電公社（現在のNTT）の電気通信研究所が，同様な移動電話システムの研究を始め，1961年，400MHz帯を用いた手動交換接続による自動車電話システムが完成した．このシステムは，1967年に自動交換接続による自動車電話システムに改良された．しかし，この400MHz帯は周波数の割当てが一般向けの周波数ではなかったので，一般用の自動車電話として使用ができず，1970年に都市災害対策用の持ち運び無線システムとして東京23区に導入された．

2.1.1 第1世代携帯電話

　日本での携帯電話は，歴史的にはアナログ方式の第1世代（以下，1Gと称す．1Gは1st Generationの略）から始まる．アナログ方式携帯電話は移動電話と呼ばれ，1979年12月に電電公社が800MHz帯で自動車に搭載する電話からサービスを始めた．その後，持ち歩きができる電話機（ショルダーフォン）が市場に投入され，1987年から本格的な携帯電話サービスが始まった．1G携帯電話では1通話に1周波数を割り当てたFDMA（Frequency Division Multiple Access）方式が採用された．電電公社は1992年に民営化され，携帯電話ビジネスはNTT移動通信網（現在のNTTドコモ）が担当し，HiCap（High Capacity）と呼ばれ

る大容量アナログ方式の携帯電話サービスを始めた．このHiCapは，日本移動通信（IDO）も採用したが，1999年3月に第2世代（以下，2Gと称す）のディジタル方式携帯電話への移行に伴い，HiCapサービスは終了した．また，別のアナログ方式として，TACS（Total Access Communication System：アメリカのMotorolaがイギリス向けに開発したシステム）を採用した企業もある．1989年からDDIセルラーはJ-TACS（日本版TACS），1991年からDDIセルラーとIDOはN-TACS（Narrowband-TACS：J-TACSのハーフレート版）を採用したが，共に2000年9月にTACSのサービスを終了している．

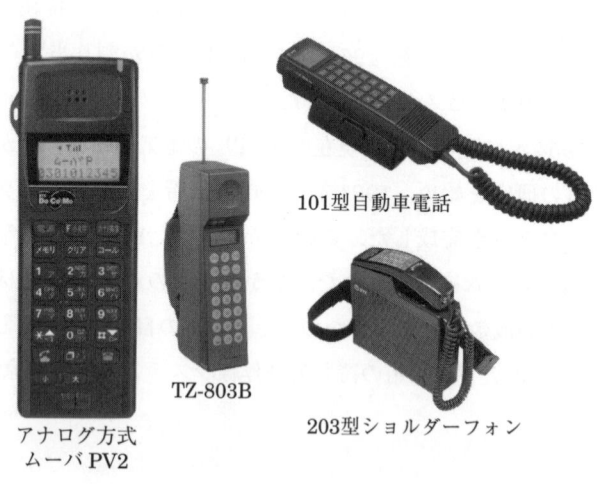

アナログ方式 ムーバ PV2
TZ-803B
101型自動車電話
203型ショルダーフォン

写真 2.1　1G携帯電話（写真提供：NTTドコモ）

海外では，TACSやアメリカのAMPS（Advanced Mobile Phone Service），北欧のNMT（Nordic Mobile Telecommunication system）などが1Gシステムとして採用された．

2.1.2　第2世代携帯電話

1G携帯電話がアナログ方式であったのに対し，2G携帯電話では音声を符号化することによって信号品質の劣化を防ぐディジタル方式へと移行した．1993年

からサービスが始まった2G携帯電話は，NTTドコモ，ボーダフォン，ツーカーで用いられている日本の独自方式であるPDC（Personal Digital Cellular）と，KDDIが採用しているアメリカで開発されたCDMA（Code Division Multiple Access）方式のIS-95（Interim Standard-95）がcdmaOneとして，現在もサービスされている．同時期に日本でサービスを始めたPHS（Personal Handy-phone System）も，本書では2Gに分類した．アメリカのDigital AMPSと呼ばれるIS-54（Interim Standard-54）や，それに機能を追加したIS-136（Interim Standard-136），欧州のGSM（Global System for Mobile Communications）も2Gに分類される．GSMは世界中で利用している地域が多い．

(1) PDC

1993年6月からサービスが始まったPDCは，通信速度や音声符号化（COder-DECoder：音声や映像のアナログ情報をディジタル情報に変換，または逆にディジタル情報からアナログ情報に変換するための電子回路．以下，CODECと称す）方式は異なるが，アメリカのIS-54やヨーロッパのGSMと同じTDMA（Time Division Multiple Access）/FDD（Frequency Division Duplex）方式を用いている．周波数帯は800MHz帯と1.5GHz帯が用いられている．TDMA/FDD方式とは，接続技術にはTDMA方式と呼ばれる（基地局と端末間で送信と受信の時間を細かく区切って，同じ周波数を複数の端末で共有できるようにする）多元接続方式と，FDD方式（通話の上り回線と下り回線を別々の周波数で行う双方向通信技術）を組み合わせたものである．音声符号化方式にはMotorolaが開発したVCELP*方式が採用されている．VCELP方式を用いると3台の端末が同時に接続が可能であったが，携帯電話の加入者が増えてきたことへの対応として，NTTはPSI-CELP*方式という同時に6台の端末の接続が可能な音声符号化方式に変更した．前者をフルレート（11.2kbps）CODEC，後者をハーフレート（5.6kbps）CODECと呼ぶ．しかし，ハーフレートCODECは音質があまりよくなく遅延も大きいということで，その後，回線の状況からCODEC

---

* VCELP（Vector Code Excited Linear Prediction）
　PSI-CELP（Pitch Synchronous Innovation-Code Excited Linear Prediction）

のレートを可変できるハイパートーク CODEC が登場したが，通信相手は固定電話かハイパートーク対応端末に限られていた．また，端末の移動に伴って基地局を切り替える（ハンドオーバ）必要があり，隣り合う基地局は違った周波数を利用しているので，通信周波数が切り替わるときには通話が一瞬途絶えることもある．通信速度は 9.6kbps である．

写真 2.2　PDC　2G 携帯電話（写真提供：ボーダフォン）

(2) cdmaOne

1998 年 7 月から，関西・九州・沖縄セルラーがサービスを始めた IS-95 をベースにした cdmaOne は，CDMA/FDD 方式を使用し，周波数帯は 800MHz 帯が用いられている．CDMA/FDD 方式とは，接続技術には CDMA 方式と呼ばれる多元接続方式，通信技術には FDD 方式が用いられている．CDMA 方式は，送信側は送りたい音声情報に拡散コード（cdmaOne では M 系列と 64 Walsh コードを用いていた）と呼ばれるディジタル的な雑音を掛け合わせて送信する．拡散コードは一定の繰り返し周期を持つ擬似雑音コードで，端末ごとに異なる拡散コードを割り当てることにより，同一周波数であっても，受信側では通信目的の相手側を識別できる技術である．cdmaOne は，複数の端末がセル内に存在しても利用する周波数帯を区切る必要は無く，1.25MHz 幅という周波数幅の中で，理論

的には同時に64チャンネル（64台の端末）の通信ができるシステムである．実際には，制御用の9チャンネル（パイロット用に1チャンネル，同期用に1チャンネル，ページング用に7チャンネル）を差し引いた55チャンネルで同時に運用できる．ハンドオーバに関しては，cdmaOneはPDCと異なり，複数の基地局からの電波を同時に受信しつつ，また，同じ周波数帯を多くの端末で同時に利用する方式なので，周波数を切り替える必要がない．このハンドオーバ技術はソフトハンドオーバといい，cdmaOneではこちらの方式が採用された．また，音声符号化方式には，1997年にEIA/TIA*の標準規格IS-127*となったEVRC*を用いている．EVRCは，音声の内容によって符号化の圧縮率を可変できる「可変速符号化」技術と，雑音を取り除く「ノイズ・サプレッション」技術を併用したCODECで，高音質を実現している．通信速度は9.6kbps（実効部分 8.0kbps＋エラー訂正 1.6kbps）である．cdmaOneでは，EVRCにより 1.2/2.4/4.8/9.6kbpsの切替えができる．

(3) PHS

PHSとは，家庭にあるコードレス電話を屋外に持ち出して使えたら…という要望にこたえて，1995年からサービスが開始された簡易型携帯電話（現在はこの名称は使われていない）システムで，PHSの名称となる以前はPHP（Personal Handy Phone）と呼ばれていた．システムを簡素化し，通話料金を低く抑えたPHSは，1.9GHz帯を利用し，ディジタルコードレス電話の子機またはトランシーバとして利用できる特徴があった．TDMA/TDD（Time Division Duplex）方式で，π/4シフトQPSK*変調，CODECにはITU-T G.726準拠ADPCM*を採用したディジタルコードレス電話の発展形である．PHS基地局と公衆回線の接続にはISDN*が使われている．PHSは，PHS基地局がカバーするセル範囲は狭いが，1台の端末が使用できる周波数帯域幅は当時の携帯電話よりも広いた

---

* EIA/TIA（Electronic Industrial Alliance/Telecommunications Industry Association）
  IS-127（Interim Standard-127）
  EVRC（Enhanced Variable Rate Codec）
  QPSK（Quadrature Phase Shift Keying：4相位相シフト・キーイング）
  ADPCM（Adaptive Differential Pulse Code Modulation）
  ISDN（Integrated Services Digital Network：総合ディジタル通信網）

写真 2.3　PHS（写真提供：ウィルコム）

め，通信速度は 32～64kbps と高速で，無線でありながら有線の ISDN に匹敵する高速な通信環境を持つ．音声品質も固定回線並で非常によく，小型で安価に基地局が設置できるので，地下街や地下鉄の駅などでも利用できる便利なシステムである．当初の PHS システムは，同じ電話局に収容された基地局間以外ではハンドオーバができなかったため，高速移動での通話ができないという欠点があった．しかし，1999 年 2 月から電話局をまたいだハンドオーバが可能になり，また，同年 6 月からハンドオーバの所要時間も数分の 1 に短縮された．最新型の PHS システムでは，PHS 端末が複数の基地局と交信して感度の高い基地局に順次切り替えるハンドオーバの方式を採用しているため，高速移動中でも通話やデータ通信が可能となった．PHS システムは，移動体通信で初めてのアダプティブアレイアンテナ技術を 1998 年に採用した．現行の PHS では，1 チャンネル当たりの通信速度は QPSK による 32kbps であるが，端末側で 4 チャンネルを束ねる（4x と呼ばれている）ことにより 128kbps，8 チャンネルを束ねる（8x と呼ばれている）ことにより 256kbps まで高速化されている．PHS の概要を表 2.1 に示す．

表 2.1　PHS の概要

規格名	最大通信速度	カバーエリア	周波数帯域幅	通信が可能な移動速度
PHS	256kbps	100～500m	288kHz	80km/h

2.1.3　第2.5世代携帯電話

国内の第2.5世代（以下，2.5Gと称す）携帯電話は，2G携帯電話のPDCにデータ通信機能を追加したものである．2.5GのPDCでは，通信速度は28.2kbpsとなった．欧州ではGPRS（General Packet Radio Service）が2.5Gに分類される．

2.1.4　第3世代携帯電話

第3世代（3G）携帯電話とは，IMT-2000をベースにした携帯電話に関する標準化団体3GPP*と3GPP2*が制定した規格に基づいた携帯電話を指す．3GPPは1998年12月，アメリカのT1*，欧州のETSI*，日本のARIB，TTC*，韓国のTTA*といった通信標準化団体が基になって結成され，後に中国のCWTS*も加わった．3GPP2は1999年1月に設立され，アメリカのTIA，日本のARIBとTTC，中国のCWTS，韓国のTTAなどがメンバーとなっている．

IMT-2000（ITU-R M.1457）で定められた国際標準方式を，図2.1に整理する．通信方式で送信と受信にそれぞれ異なる周波数を使うFDD方式には，連続した広帯域の周波数を用いるDS-CDMA（Direct Spread-Code Division Multiple Access）方式と，複数の狭帯域を組み合わせて見かけ上の広帯域の周波数を用いるMC-CDMA*方式がある．国内では，NTTドコモのW-CDMAはDS-CDMA方式（ARIB STD-T63），KDDIのCDMA 2000はMC-CDMA（ARIB STD-T64）方式を採用している．

総務省は，800MHz帯の中の8MHz幅と，上り回線／下り回線の変換により，

---

* 3GPP（3rd Generation Partnership Project：W-CDMAなどの標準を策定する組織）
  3GPP2（3rd Generation Partnership Project 2：CDMA 2000などの標準を策定する組織）
  T1（通信速度1.5Mbpsのディジタル専用回線の規格でアメリカ規格協会ANSI：American National Standards Instituteが定めた仕様）
  ETSI（European Telecommunications Standards Institute：欧州電気通信標準化機構）
  TTC（Telecommunication Technology Committee：情報通信技術委員会）
  TTA（Telecommunications Technology Association）
  CWTS（China Wireless Telecommunication Standard）
  MC-CDMA（Multi Carrier-Code Division Multiple Access）

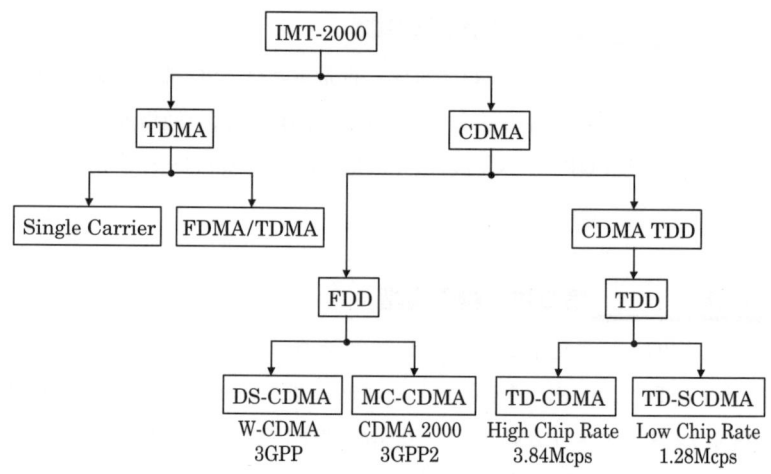

図 2.1 IMT-2000 国際標準方式

2012年を目途に地上波ディジタル放送などに対しての周波数の再編を行う予定である．また，3G（FDD方式）に対して1.7GHz帯（1710〜1885MHz）の割当てを決めている．

(1) W-CDMA

2001年10月からNTTドコモは，2GHz帯を用いた3G携帯電話（FOMA：

（NokiaはNokia Corporation の商標または登録商標です）

写真 2.4　W-CDMA　3G携帯電話（写真提供：ノキア・ジャパン）

Freedom Of Mobile multimedia Access）のサービスを開始した．このシステムはNTTドコモやEricssonなどが開発し，3GPPに提案したW-CDMAを採用した．多元接続技術と通信方式にはCDMA/FDD方式を用いている．特徴としては，拡散帯域幅を一定に保ちながら情報速度を柔軟に変更できる可変データレート伝送，RAKEダイバーシチ受信，ソフトハンドオーバなどの技術が採用されている．周波数帯域幅は5MHzで，通信速度は下り回線で最大384kbps，上り回線で最大64kbpsである．

(2) CDMA 2000

KDDIは，2002年4月に3GPP2に準拠したCDMA 2000（Wideband cdmaOne）による3G携帯電話サービス（CDMA 2000 1x）を800MHz帯で開始した．通信速度は下り回線で144kbps，上り回線で64kbpsである．CDMA 2000は，アメリカのQUALCOMMが中心となり，国際的な通信事業者業界団体CDG（CDMA Development Group）が開発した携帯電話の通信方式である．CDMA 2000の周波数帯域幅は従来のcdmaOneと同じ1.25MHzであるが，マルチキャリア伝送方式（Multi Carrier Division Duplex）により，複数のチャネルを同時に使用することができる．これをMC-CDMA方式という．CDMA 2000 1xはその複数チャネルの一つを使用するものである．変調方式にデュアルBPSK（Binary Phase Shift Keying）を用いたcdmaOne（IS-95B）よりも，変調方式にQPSKを用いたCDMA 2000 1xの方が，データ伝送の効率化が図られている．CDMA 2000 1xは，1x MCやIS-95Cと呼ばれることもある．CDMA 2000では，音声を状況に応じて様々なモードに使い分け，音源と共鳴系の特性を表すパラメータに分解して伝送し，音声データ量を減らすSMV（Selectable Mode Vocoder）を利用することもできる．CDMA 2000の他のバリエーションとしては，三つの周波数を束ねて使うCDMA 2000 3x（3x MC），一つのチャネルを音声とデータ通信両方に使うのではなく，データ通信に特化して高速通信を行う1x HDRなどがある．

(3) 3Gの新サービス　TD-CDMA

3Gの新サービスとしてTD-CDMA方式がある．国内では2003年からイー・

アクセスが検討を始め，アイピーモバイルが2006年後半からTD-CDMA方式によるワイヤレスデータ通信のサービス提供を計画している．中国では，上り回線を同期（Synchronous）することで端末パワーを抑えた同期CDMA技術のTD-SCDMA[*]方式を，ドイツのシーメンスと中国の大唐電信が共同で開発した．

TDD方式を採用したTD-CDMA方式では，上り回線と下り回線の通信容量を非対称にできるので，モバイルADSLに適している．FDD方式のCDMAではクローズドループによる複雑なパワーコントロールが必要であったが，TDD方式のCDMAでは上り回線と下り回線の周波数が同一（上り回線と下り回線の伝播損失が等しい）なので，基地局から制御信号を送るだけ（オープンループ）でパワーコントロールが可能である．データ通信との親和性が高いシステムとして，IP（Internet Protocol）技術と組み合わせることにより，効率的でシンプルなデータ通信ネットワークを構築することができるが，反面，音声通信には不向きともいわれている．

2003年からTD-CDMA方式や中国のTD-SCDMA方式にスマートアンテナ，マルチキャリア化，上り通信の同期などで改良を加えたTD-SCDMA（MC）方式のTDD方式を用いた技術を検討してきたイー・アクセスは，同社のホームページ上の記事によると，次のワイヤレスデータ通信としてWiMAX（IEEE 802.16e）への取り組みを本格化し，2005年12月1日付で社長直属のWiMAX推進室を立ち上げた．

アイピーモバイルは，ワイヤレスジャパン2005の同社のブースで，TDD方式携帯電話への割り当てが予定されている2GHz帯（2010〜2025MHz）のうちの10MHz幅を用いて，TD-CDMAシステムのデモンストレーションを行った．ここでは，10ミリ秒を15個のタイムスロットに区切り，3スロットを制御に使い，12スロットを上り回線と下り回線のデータ転送に割り当て，下り回線では2.5Mbpsの通信速度が得られた．2006年秋から，屋外での通信速度が3〜4Mbpsのデータ通信に特化したサービスの開始を予定している．基地局は，アンテナが付いた小型の装置をサーバラックに接続するだけで安価に設置できる．

---

[*] TD-SCDMA（Time Division Synchronous Code Division Multiple Access）

2.1 携帯電話の歴史

TD-CDMA方式の概要を表2.2に示す.

写真 2.5 CDMA 2000 1x対応 3G携帯電話（写真提供：KDDI）

表 2.2 TD-CDMA方式の概要

規格名	最大通信速度	カバーエリア	周波数帯域幅	通信が可能な移動速度
TD-CDMA	5.2Mbps	500m〜7.5km	5MHz	120km/h

写真 2.6 アイピーモバイルのTD-CDMA端末（写真提供：アイピーモバイル）

2.2　高度化3G携帯電話（3.5G）

　総務省は周波数の編成において，ユーザはどこで使えるかをまったく意識することなく，また，一度接続すると車中のような移動中を含め，どのような状態においても一定品質が確保されるサービスを享受するシステムとして，800MHz帯や1.5/1.7/2.0/2.5GHz帯の周波数での高度化3G（3.5G）携帯電話システムを検討している．すでに2GHz帯（2010～2025MHz）を3G（FDD方式）携帯電話の通信事業者に免許を交付し，また，3G（TDD方式）携帯電話の通信事業者への割当ても決めている．

　2005年6月に総務省が公開した「新世代移動通信システムの将来展望」によると，通信速度が，3G携帯電話の2Mbpsから高度化3G（3.5G）携帯電話では30Mbpsへ高速化する予定である．この3.5G携帯電話のカバーエリアは，ほぼ日本国内全域を前提としている．

　3Gまでの携帯電話システムは，1基地局のカバーエリアが広いため電波を共有する利用者が多く，通信速度が遅くなるという問題点がある．NTTドコモ，KDDI，ボーダフォンの3社は2008年度をめどに，既存の3G携帯電話よりも高速通信となる高度化3G携帯電話として，3.5Gサービスを始める計画をしている．NTTドコモが提案している3.5GのHSDPA*は，下り回線の通信速度14.4Mbpsを目指す．2010年からのサービス開始を検討している4Gと3.5Gのつなぎとして，30～100Mbpsの伝送速度を実現するスーパー3G（3.9G）サービスも予定している．一方，KDDIは，2006年に下り回線で3.1Mbpsの通信速度をもつCDMA 2000 1x EV-DO Rev.Aの3.5Gサービスを展開した後で，下り回線の通信速度100Mbps～1Gbpsを目指す次世代CDMAの規格を策定する予定である．

　IMT-2000におけるDS-CDMA方式系とMC-CDMA方式系の3.5Gへの流れを図2.2に示す．

---

* HSDPA（High Speed Downlink Packet Access）

2.2 高度化3G携帯電話 (3.5G)

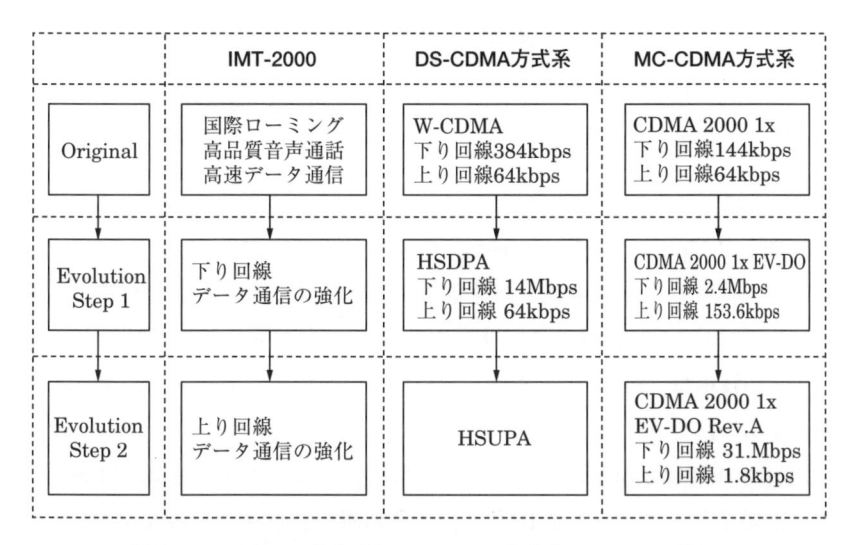

	IMT-2000	DS-CDMA方式系	MC-CDMA方式系
Original	国際ローミング 高品質音声通話 高速データ通信	W-CDMA 下り回線384kbps 上り回線64kbps	CDMA 2000 1x 下り回線144kbps 上り回線64kbps
Evolution Step 1	下り回線 データ通信の強化	HSDPA 下り回線 14Mbps 上り回線 64kbps	CDMA 2000 1x EV-DO 下り回線 2.4Mbps 上り回線 153.6kbps
Evolution Step 2	上り回線 データ通信の強化	HSUPA	CDMA 2000 1x EV-DO Rev.A 下り回線 31.Mbps 上り回線 1.8kbps

図 2.2 DS-CDMA方式系とMC-CDMA方式系の3.5Gへの流れ

(1) HSDPA

NTTドコモはW-CDMA (FOMA) の後の3.5Gとして, 下り回線のデータ通信を高速化するために3GPPによって開発されたHSDPAの採用を検討している. W-CDMAは音声通信にも対応していたが, HSDPAはデータ通信に特化したパケット通信方式である. 通信速度は, W-CDMAがセルの中心でも端でも上り回線は64kbps, 下り回線は384kbpsで一定であったのに対し, HSDPAは, 周波数帯域幅 (5MHz) と上り回線の通信速度 (最大64kbps) はW-CDMAと同じであるが, 下り回線では2ミリ秒ごとのタイムスロットで通信状況の変化に適した変調方式に切り替える「適応変復調方式」とチャンネル符号化 (AMC : Adaptive Modulation and channel Coding) を採用し, 通信状況が良いときには16QAMにより最大14.4Mbps, 悪いときでもQPSKにより2Mbps程度の通信速度を維持する. データ自動再送要求 (ARQ : Automatic Repeat reQuest) に改良を加えたハイブリッドARQを用い, パケットの伝送エラーが起こったときの再送回数を減らし, スループットを保つ工夫もされている. セル半径は2～10kmを想定している. HSDPAの概要を表2.3に示す.

表 2.3　HSDPAの概要

規格名	最大通信速度	カバーエリア	周波数帯域幅	通信が可能な移動速度
HSDPA	14.4Mbps	数km	5MHz	120km/h

　HSDPAは下り回線の高速化を図っているが，上り回線を高速化するHSUPA (High Speed Uplink Packet Access) の検討も3GPPで行われている．しかし，上り回線の高速化は下り回線の高速化よりも技術的に難しい．カナダのNortelは2006年3月，上り回線で通信速度を1.4Mbpsとした接続に成功した．このHSUPAの技術は，2007年ごろからHSDPAの商用ネットワークに組み込まれる計画がある．

　NTTドコモでは3.5Gと4Gの間の位置付けとなる「スーパー3G (3.9G)」として，無線インタフェースをIP化し，下り回線の通信速度が最大40Mbps，高速通信多元接続方式としてHSDPAで用いられているDS-CDMA方式に比べてマルチパスに強いOFCDMA (Orthogonal Frequency CDMA) 方式を採用するHSOPA (High Speed OFDM Packet Access) も検討している．

(2) CDMA 2000 1x EV-DO Rev.A/Rev.B

　NTTドコモのW-CDMAに対して，KDDIでは音声＋データ通信の従来の携帯電話の流れであるCDMA 2000 1xのサービスを2002年4月より始めた．

　2003年10月からは，QUALCOMMが開発したHDR (High Data Rate) の技術を用いたCDMA 2000 1x EV-DO Rev.0の3Gサービスを開始した．CDMA 2000 1x EV-DO Rev.0の概要を表2.4に示す．HDRとは，音声通信を省略してデータ通信に特化したシステムで，cdmaOneの特徴でもあったソフトハンドオーバや電力制御などの機能が省略されているシステムである．周波数帯域幅は1.25MHzのままで，通信速度は上り回線で最大153.6kbps，下り回線で最大2.4Mbpsを実現している．CDMA 2000 1x EV-DO Rev.0はcdmaOneの基地局を転用できるので，NTTドコモのW-CDMAの基地局設置費用に比べるとコストは安くなる．

　3Gの後継として，CDMA 2000 1x EV-DO Rev.0の機能をより強化した

2.2 高度化3G携帯電話（3.5G）

CDMA 2000 1x EV-DO Rev.Aでのサービスを，KDDIでは2006年中に予定している．CDMA 2000 1x EV-DO Rev.Aでは，下り回線で最大3.1Mbps，上り回線では最大1.8Mbpsに高速化し，QoS（Quality of Service）技術の導入によりパケット通信の遅延抑制などの品質制御を行っている．セル半径は2～10kmで，適応変復調方式（BPSK，QPSK，8PSK，16QAM）を採用し，高速化を図っている．2010年までの間に，周波数帯域幅20MHzを想定した，通信速度が下り回線で最大74Mbps，上り回線で最大27Mbpsまで向上させたCDMA 2000 Nx EV-DO Rev.B（Nxは，周波数帯域1.25MHzを何本束ねるかを表し，CDMA2000 Nx EV-DO Rev.Bでは，Nxは2xから15xまで）の導入計画もある．

KDDIとアジア，北米の主要CDMA事業者，世界の大手通信機器メーカー29社は，2005年5月に行われた3GPP2会議で，2007年中に次世代CDMA 2000無線方式標準規格の策定を行うことで合意した．下り回線100Mbps～1Gbps，上り回線50Mbpsの通信速度を目標とし，VoIPを想定した音声通信容量の向上，周波数利用効率の向上，接続時間の短縮，ビット単価低減によるインフラコストの抑制，現行CDMAシステムとの互換性を維持することを目標としている．

表2.4 CDMA 2000 1x EV-DO Rev.0の概要

規格名	最大通信速度	カバーエリア	周波数帯域幅	通信が可能な移動速度
1x EV-DO	2.4Mbps	数km	1.25MHz	120km/h

写真2.7 CDMA 2000 1x Ex-DO Rev.Aの試作機 （写真提供：QUALCOM JAPAN. Inc）

2.3　第4世代携帯電話

　世界的な動向としては，ITU-Rが2003年6月にITU-R M.1645「Framework and overall objectives of the future development of IMT-2000 and systems beyond IMT-2000」で，通信インフラのコアネットワークをインターネットをベースとする勧告を行った．この中では，高速移動時に通信速度が100Mbps，低速移動時に通信速度が1Gbpsを実現するシステムについて述べている．現在の3Gから4Gへの移行の指標は，この勧告を基に示されたことになる．

　第4世代（4G）携帯電話は，「Beyond IMT-2000」や「B3G（Beyond 3G）」とも呼ばれている．4GのコンセプトはAlways Best Connection（ABC）と言われ，WANやLANに加えPANが重視されている．ITUのワーキンググループは，2010年に実用化する4G携帯電話の呼称を「IMT-Advanced」とした勧告案をまとめた．ITUはWRC-2007で使用周波数帯などを決める予定である．日本は4Gの候補周波数として，3.4〜4.2GHzと4.4〜4.9GHzを提案する．

　ITU勧告であるIMT-Advancedを4G携帯電話と考えた場合，通信速度に関して，移動環境での最大通信速度を100Mbps，屋内環境では1Gbpsの高速データ通信を実現することを目標としている．この4G携帯電話のカバーエリアは日本国内全国展開を想定しており，機動性は安定して，高速移動時においても通信ができることを確保する．

　4G携帯電話では，他のシステムともシームレスに接続されることを念頭に置き，可変拡散率OFDM[*]や，可変拡散率・チップ繰り返しファクタCDMA[*]などが検討されている．また，アダプティブアレイアンテナ技術やMIMO技術，高性能なFEC（Forward Error Correction），ARQ（Automatic Repeat reQuest），IPネットワーキングを基盤にしたシステム間相互接続技術，ソフトウェア無線などの技術の高度化や，RAN（Radio Access Network）の構成法，

---

[*]可変拡散率 OFDM（VSF-OFCDM：Variable Spreading Factor-Orthogonal Frequency and Code Division Multiplexing）
　可変拡散率・チップ繰り返しファクタCDMA（SCRF-CDMA：variable Spacing and Chip Repetition Factors - Code Division Multiple Access）

QoSパケット伝送制御なども検討されている．4G構想においては，早い時期にシームレス技術を安価に提供することや，モバイルの領域でユーザに魅力あるアプリケーションの拡張性や柔軟性も重要視される．

　NTTドコモは，4G携帯電話の実現を2010年頃をめどに開発している．2003年5月，神奈川県横須賀市で4G携帯電話の実験を開始した．下り回線では768のサブキャリアを持つVSF-OFCDM*方式，上り回線にはVSF-CDMA*方式やマルチキャリア／DS-CDMA方式を用い，上り回線／下り回線で方式を組み合わせ，通信状況に応じて拡散率を可変にすることにより，各組み合わせのスループットの確認などを行った．また，アンテナにはMIMO技術を用いた．

　一方，KDDIは4G携帯電話への取り組みとして，SDMA（Space Division Multiple Access）方式による通信容量の増大についての研究成果を，2005年9月の「電子情報通信学会　ソサイエティ大会」（B-1-187）で発表した．次世代の無線通信技術として，SDMA方式もセル当たりのスループット向上の有力な手段になると論じた．

　KDDIとKDDI研究所は，ワイヤレス・テクノロジー・パーク2006のブースで，次世代の無線環境におけるシームレスハンドオーバー，モバイルWiMAXのQoS制御技術デモなどを行った．そこで，4Gの中核になる技術への取組として，SDMA技術を紹介した．同社が行った実験では，SDMA技術やマルチユーザOFDM技術などの最新技術を組み合わせ，下り回線で1.3Gbpsの通信速度を実現したと報告している．

＊VSF-OFCDM（可変拡散率直交周波数・符号分割多重：Variable Spreading Factor-Orthogonal Frequency and Code Division Multiplexing）
　VSF-CDMA（可変拡散率符号分割多元接続：Variable Spreading Factor-Code Division Multiple Access）

第3章

広帯域移動無線アクセス

　総務省は，モバイルオフィスやモバイルホームにおいて携帯電話や無線LANと組み合わせ，必要に応じてインターネットに常時接続が可能な次世代移動通信システム用に，図3.1に示すような広帯域移動無線アクセスシステムを検討している．その候補として，WiMAX（IEEE 802.16e），Flash-OFDM，携帯電話，iBurst，次世代PHSなどを挙げている．表3.1に，携帯電話と広帯域移動無線アクセスシステムの比較を示す．

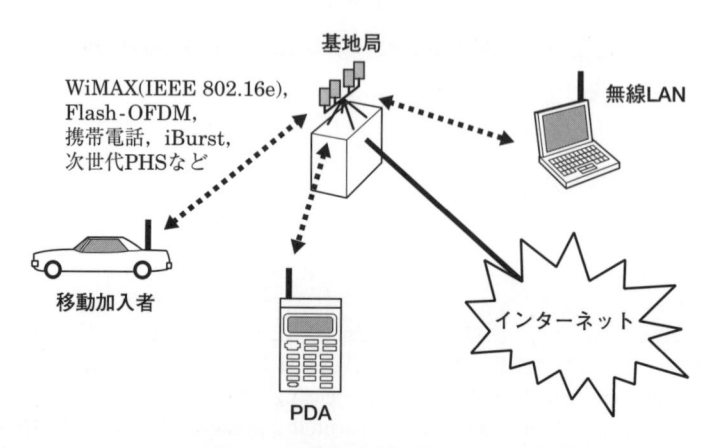

　広帯域移動無線アクセスのサービスの品質としては，

・IP接続レベルで常時接続して周波数帯域や時間を共有することにより，トラフィックが集中したときに，瞬時に効率的な高速伝送（20～30Mbpsまたはそれ以上）を実現．

図3.1　広帯域移動無線アクセスの概要

表 3.1 携帯電話と無線アクセスシステムの比較

	携帯電話	無線アクセスシステム
現状の特徴	移動性 システム設計に高度なスキル 音声サービス	高速データ伝送 システム設計の容易性 データサービス
接続性	ギャランティ型 ハンドオーバ	ベストエフォート型（QoS）
カバーエリア	全国規模	メトロエリア ホーム，オフィスエリア
既存システムとの互換性	バックワードコンパチブル	方式間切替え

・一定レベル以上の上り回線の伝送速度（10Mbps 以上）を確保．
・3G/3.5G を上回る高い周波数利用効率．

などが考えられている．通信エリアは稠密なエリア展開を前提とするが，地域を限定したサービスを行うエリア（トラフィック需要の多い場所）も考慮する．機動性は，少なくとも中速移動程度は確保する．

新たな移動通信システムへの周波数割当てとして，2.5GHz 帯（2,500～2,690MHz）を候補周波数としている．しかし，この周波数のワイヤレスブロードバンドへの周波数割当てプランは，図 3.2 に示すように，ITU の IMT-2000 周波数割当てプランと異なる．周波数割当ての条件としては，3G/3.5G 携帯電話よりも高い周波数利用効率で，通信速度も 3G/3.5G 携帯電話より速いことなど

日本の2.5GHz帯割当てプラン	移動衛星 (下り回線)	ワイヤレス ブロードバンド	非静止軌道 放送衛星 (音声)	静止軌道 放送衛星 (音声)	移動衛星 (上り回線)
	2,500　　2,535		2,605　　2,630　2,655		2,690

ITUの2.5GHz帯割当てプラン	FDD (上り回線)	TDD	FDD (下り回線)
	2,500　　　　2,570	2,620	2,690

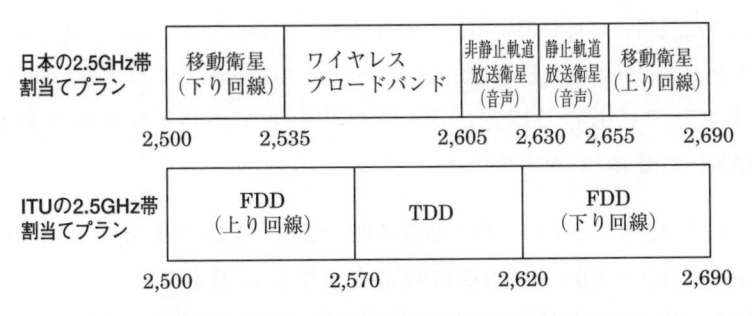

図 3.2 日本と ITU の 2.5GHz 帯割当てプラン

が挙げられている．総務省は2006年3月から，広帯域移動無線アクセスの技術条件に関する検討を始めた．

本章では，広帯域移動無線アクセスシステムで有望視されているWiMAX（IEEE 802.16e），Flash-OFDM，高度化PHS，次世代PHS，iBurst（京セラの実験局）の概要を説明する．また，韓国版WiMAXといわれているWiBroシステムの概要も，参考までに説明する．

3.1　WiMAX（IEEE 802.16e）

本項では，広帯域移動無線アクセスとして近年，非常に大きな注目を浴びているWiMAXについて述べる．WiMAXは，IEEE 802.16標準規格の中から必要な機能を選び出し，これにWiMAXフォーラムが新たな機能を加えて規格化した無線ブロードバンド技術であるため，厳密に言えばWiMAXとIEEE 802.16は異なる．

WiMAXフォーラムとは，アメリカのIntelなどの企業が主体となり，2004年1月に設立された業界団体で，IEEE 802.16規格の製品の相互運用性，仕様適合性の試験，機器の認証などを行う．また，実際のサービス開始のときには，ネットワーク層のプロトコルなどの仕様を決める．これは，無線LANにおけるWi-Fiアライアンスが，IEEE 802.11規格に準拠した無線LAN製品に認証を与えている点と似ている．

WiMAXの主要規格は，1999年にIEEEのワーキンググループ（802.16）が検討を始めた規格に準拠している．このワーキンググループには，ブロードバンド無線アクセス（BWA：Broadband Wireless Access）という名称がつけられ，大都市エリアにおける固定，ポータブルそしてモバイルでの無線MAN（WMAN）の標準化の策定を行った．

① 2001年12月，見通しが利く通信環境（LOS：Line Of Sight）での利用を想定し，10～66GHzの周波数帯を使用する固定ワイヤレスアクセス（FWA：Fixed Wireless Access）技術を用いた，通信速度が最大135Mbpsの

IEEE 802.16規格が承認された．
② 2003年1月，使用周波数を2〜11GHzに変更し，見通しが利かない通信環境（NLOS：Non Line Of Sight）での利用を想定したIEEE 802.16aが承認された．
③ 2004年6月，802.16a仕様書にあった誤記を訂正し，最大通信速度は75Mbps以上で，世界各国で展開できるようにチャネル幅を1.25MHzから20MHzまで細かくプロファイルで定義し，通信可能なセル範囲も10〜50kmをサポートするIEEE 802.16-2004の規格の標準化が完了した．
④ 現在はモバイル対応を強化し，使用周波数を6GHzまで下げ，移動速度120km/hでも通信速度は最大75Mbps（周波数帯域幅20MHz），通信範囲は2〜3kmで，通信エリアから別の通信エリアへの移動はハンドオーバ技術で対応するIEEE 802.16eの規格の標準化が進められている．

表3.2 IEEE 802.16仕様の概要

	IEEE 802.16	IEEE 802.16-2004	IEEE 802.16e
周波数帯	10〜66GHz	11GHz以下	6GHz以下
通信速度	最大135Mbps（周波数帯域幅28MHz）	最大75Mbps（周波数帯域幅20MHz）	最大15Mbps（周波数帯域幅5MHz）
変調方式	QPSK 16QAM 64QAM	QPSK 16QAM 64QAMなど	QPSK 16QAM 64QAMなど
接続方式	－	Single Carrier OFDM方式 OFDMA方式	Single Carrier OFDM方式 OFDMA方式 SOFDMA方式
周波数帯域幅	20MHz 25MHz 28MHz	1.25〜20MHzまでの範囲で可変	1.25〜20MHzまでの範囲で可変
アンテナ技術		AAS STC（オプション）	AAS MIMO STC（オプション）
通信環境	見通しが利く通信環境（LOS）	見通しが利かない通信環境（NLOS）	見通しが利かない通信環境（NLOS）
移動速度	－	歩行程度	120km/h程度

表 3.3 IEEE 802.16eシステムで用いられる変調方式ごとの通信帯域幅と通信速度の関係

周波数帯域幅	1.25MHz	5MHz	10MHz	20MHz
QPSK 1/2	1.04	4.16	8.31	16.62
QPSK 3/4	1.56	6.23	12.47	24.94
16QAM 1/2	20.8	8.31	16.62	33.25
16QAM 3/4	3.12	12.47	24.94	49.87
64QAM 1/2	3.12	12.47	24.94	49.87
64QAM 2/3	4.16	16.62	33.25	66.49
64QAM 3/4	4.68	18.7	37.4	74.81

通信速度の単位：Mbps

　WiMAX（IEEE 802.16e）は，高速移動を行うことを前提に通信を確立させるためのハンドオーバをサポートするので，携帯電話のようなモバイル機器としての使用が期待されている．端末機の消費電力を抑えるために，周波数帯域幅は5MHz，通信速度は最大15Mbpsが主に検討されている．

　IEEE 802.16の仕様の概要を表3.2に，IEEE 802.16eシステムで用いられる変調方式ごとの通信帯域幅と通信速度の関係を表3.3に示す．

　モバイル運用を意識したIEEE 802.16eでは，QPSK，16QAM，64QAMのいずれかの変調方式と，Single Carrier（SC），OFDM方式，OFDMA方式，SOFDMA方式の接続技術を組み合わせて使うことができる．また，送受信で複数のアンテナを用いるMIMO技術を用いることができる．

　WiMAX（IEEE 802.16e）は，無線LANに比べると通信速度やコスト面では劣るが，基地局のカバーエリアが広く，移動中でも使えるという点で優れている．移動性では携帯電話に及ばないが，通信速度はCDMA 2000 1xやW-CDMAに比べると速く，コスト面でもそれほど大きな差はない．

　IEEE 802.16eは2005年12月7日にドラフトが承認され，IEEE 802.16e-2005 規格書（IEEE 802.16-2004/Cor1を含む）は2006年2月28日に刊行された．IEEE 802.16-2004とIEEE 802.16eではハードウェアレベルの仕様が異なるため，IEEE 802.16-2004に対応したハードウェアとIEEE 802.16eのハードウェアの間には互換性はない．

3.2　Flash-OFDM

　Flash-OFDMは，アメリカのFlarion Technologies（2006年1月，QUALCOMMにより買収された）が開発した広いカバーエリアで使用できる高速データ通信の技術で，IEEE 802.20ワーキンググループで標準化が進められている．1.25MHz幅の周波数を，上り回線／下り回線で合わせて2本を使うFDD方式で，IPパケット通信に特化している．通信速度は下り回線で最大3Mbps，上り回線で最大900kbpsである．

　Flash-OFDMでは，周波数帯域幅1.25MHzの中に113本のサブキャリア（FlarionではToneと呼ぶ）を配置し，それぞれの周波数を直交させる．これは従来のOFDM方式であるが，それに加えてFlash-OFDMは，利用するサブキャリアを「100万回/秒」（Flarion）という高速で周波数をホッピングさせている．そのため，隣接セルでも同一周波数を利用できるほか，周波数利用効率を上げられる．例えば，現状のW-CDMAの最大通信速度（384Kbps）と比べると，Flash-OFDMの通信速度は3Mbpsとなり，10倍近く速い．加えて，周波数帯域幅はW-CDMAの5MHzに比べ，1.25MHz幅×2と狭い．

　Flash-OFDMのシステムは，携帯電話のような独特のコアネットワークを構築する必要はなく，既存のIPネットワークにルータを接続するだけでよい．ホットスポット的な無線LANと接続し，面でカバーするような使い方もできる．Flash-OFDMは，従来のパケット通信に比べて遅延時間が35ミリ秒と短いため，VoIPによる音声通信にも利用できる．

写真3.1　Flash-OFDM端末（写真提供：QUALCOM JAPAN Inc,）

3.3 進化するPHS

1995年に屋外に持ち出せるコードレス電話として,データ通信速度が携帯電話よりも高速(32〜64kbps)なPHSサービスがスタートした.当初のPHSは,同じ電話局に収容された基地局間でのみのハンドオーバしかできなかったが,現在はこの問題も解決され,高速移動中でも通話やデータ通信が可能となった.現行PHSの概要を表3.4に示す.

表3.4 現行PHSの概要

周波数帯	1.9GHz帯
最高通信速度	上り回線も下り回線も1Mbps程度
アクセス方式	4TDMA／TDD方式
キャリア周波数幅	300kHz
フレーム長	5ミリ秒　上下対称フレーム
変調方式	BPSK-256QAM
音声コーデック	16k/32k ADPCM
セル構成	マイクロセル
移動性	歩行〜自動車

3.3.1 高度化PHS（W-OAM）

ウィルコムは,データ通信利用の多い地域において,高度化PHS（Advanced PHS）通信規格W-OAM*に対応した基地局の導入を始めた.高度化PHSは3G携帯電話の位置に相当する.現行のPHSでは,1チャンネル当たりの通信速度はQPSKによる32kbpsであるが,W-OAMでは端末側で4チャンネルを束ねた（4xと呼ばれている）128kbpsと,8チャンネルを束ねた（8xと呼ばれている）256kbpsの通信速度を実現している.W-OAMは電波の状況に応じて,高速通信が可能な変調方式に自動的に切り替わる.電波の状況が良いときには,今までのPHSで使用されてきたQPSKからより高速な8PSK（8-Phase Shift Keying）に切り替え,パケットのヘッダ領域の一部をデータ領域として使う.その結果W-

---

* W-OAM (Willcom-Optimized Adaptive Modulation)

表 3.5 高度化PHS（W-OAM）の通信方式と通信速度の関係

通信方式	「W-OAM」未対応 エリア内（最大）	「W-OAM」対応 エリア内（最大）
4xパケット方式	128kbps	204kbps
8xパケット方式	256kbps	408kbps

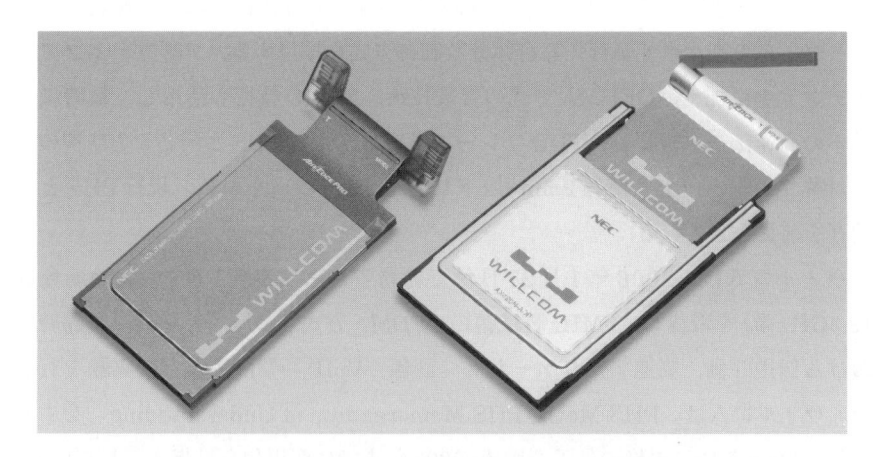

写真 3.2　W-OAM対応端末 AX520N，AX420N（写真提供：NECインフロンティア）

OAMは，4xで現行のPHSの最大約1.6倍の204kbps，8xで408kbpsの通信速度を実現することができるようになり，2006年2月末よりサービスを開始した．2007年までには16QAM，64QAMの対応も検討している．64QAMでは約700kbpsの通信速度が得られるが，W-OAMでは1Mbps程度の通信速度が実用化できる限界と考えられている．W-OAMでは，電波の状況が不安定なときにはより安定性が高いBPSKに自動的に切り替わる．表3.5に，W-OAM規格PHSの通信方式と通信速度の関係を示す．

3.3.2　次世代PHS

　ウィルコムは，W-OAM規格PHSのさらなる発展形として，表3.6に示すようなOFDM技術やMIMO技術をPHSに導入し，通信速度が20Mbps以上とな

る次世代PHSを検討している．この次世代PHSは3.5G携帯電話の位置に相当し，2005年に総務省が開催した「ワイヤレスブロードバンド推進研究会」の最終報告書（2005年12月）では，広帯域移動無線アクセス方式の一候補として挙げられている．次世代PHSは，基本的には現行PHSとの設備共用を考慮し，現行PHSと同様なマイクロセル（ただし，セルの大きさは現行PHSより柔軟性を持たせる）で展開する．IPレベルでの常時接続も検討されており，最適な通信チャンネルの割り当てが行える自律分散制御方式を採用する．アダプティブアレイアンテナに加え，OFDMA方式の接続技術，MIMO技術も活用し，瞬時に高効率の高速伝送を行える．TDDフレーム構成は，現行PHSと同じ5ミリ秒の上下対称フレーム（上り回線2.5m秒/下り回線2.5m秒）を用い，現行PHSとの共存を前提としている．

ウィルコムは，2006年1月27日付で総務省から次世代PHSの実験局免許（2.3GHz帯）を取得し，5MHz帯域幅のOFDMA方式での屋内と屋外，移動時における伝送評価，高速アプリケーション評価，VoIP品質評価などの実験を行った．ウィルコムは，PHS MoU（PHS Memorandum of Understanding）を中心として2006年中に規格の骨子を固め，2008年までに商用化を目指すとしている．

表3.6 次世代PHSの概要

周波数帯	1〜3GHz
最高通信速度	上り回線も下り回線も20Mbps以上
アクセス方式	OFDMA方式＋TDMA/TDD方式
キャリア周波数幅	5〜20MHz
フレーム長	5ミリ秒　上下対称フレーム
変調方式	BPSK-256QAM
音声コーデック	16k/32k ADPCM/SIP準拠
セル構成	マイクロセル
移動性	自動車走行程度まで

3.4　iBurst（京セラの実験局）

2006年1月26日のARIB第54回電波利用懇話会資料「ニーズ要素から構成さ

3.4 iBurst（京セラの実験局）

れる将来の利用シーンの類型化」の中で，iBurstは広帯域移動無線アクセスとして分類されていなかった．しかし，2006年春頃からiBurstも広帯域移動無線アクセスの候補として注目されるようになってきた．本書ではiBurstについて，上記資料に基づき第4章で概要を述べている．京セラは2004年12月に，最初の2GHz帯（2005～2010MHz）でのiBurstシステムの実験局免許を取得し，2005年12月に再免許も受けている．筆者らは京セラのご好意で，2006年5月31日に，同社横浜事業所のiBurst実験局を見学させていただき，また，東名高速道路での高速移動実験でのインターネット接続やVoIP電話の体験をさせていただいた．本項ではその報告をする．

写真3.3は，京セラ横浜事業所屋上に設置されたiBurst基地局である．写真3.4は，コリニアアレイ素子アンテナ（利得11dBi）を3.5波長間隔で配置したアダプティブアレイアンテナで，空間多重（SDMA方式）を行っている．

写真3.5はiBurstの変復調部，信号処理部，及びIPネットワークインタフェース部で，写真3.6はそれらの回路が納められている屋外に設置可能な筐体である．回路の事故に対応し自動的に切り替わる予備回路も含まれている．携帯電話の基地局に比べると，はるかに小型であるのがわかる．

写真3.7は基地局の基台部で，写真3.8に示す1台の筐体には3回路（アンテナ3本分）の送信用電力増幅器（1台の電力増幅器は1キャリア当たり最大で23dBmの送信出力）と3回路の低雑音増幅器（LNA）が内蔵されている．この筐体がアンテナ基礎部に4台設置され，12本のアンテナと接続されている．一つの基地局としては，12台の送信用電力増幅器の出力を合成して，1キャリア当たり最大で33.8dBmの電力を得ている．

写真3.9と写真3.10は，横浜事業所1階に設営されたiBurstの展示室である．ここで，周波数帯域幅5MHz（625kHz×8）で21台のPCで同時に1Mbpsの動画をストリーミング（下り回線で合計21Mbps/5MHzのシステム）で再生する様子を見せていただいた．また，iBurst端末から筆者の携帯電話への通話実験も行った．スループット特性はパフォーマンス測定ツール「Chariot」で測定され，PC画面上に表示される．

写真3.11に送信スペクトラム，写真3.12にPCに接続した1キャリアのみを使用するiBurst端末機（送信出力は+22dBm）を示す．

写真3.13と写真3.14に示すのは，京セラの実験車両を用いて東名高速道路を走行したときの，iBurst高速移動通信実験の様子である．高速走行でのインターネット接続やVoIP電話の接続を体験させていただいた．写真3.15に示すのは，京セラ横浜事業所と東京工業大学すずかけ台キャンパスに設置した基地局間でのハンドオーバの接続状況を観測している様子である．

写真 3.3 京セラ横浜事業所のiBurst基地局

写真 3.4 iBurst基地局アンテナ

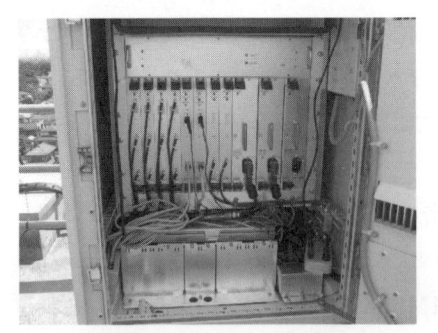

写真 3.5 iBurst変復調部

写真 3.6 iBurst変復調部の筐体

3.4 iBurst（京セラの実験局）

写真 3.7 アンテナベース部

写真 3.8 送信アンプと受信LNA

写真 3.9 PC21台のストリーミング実験
（下り回線で合計21Mbps/5MHzのシステム）

写真 3.10

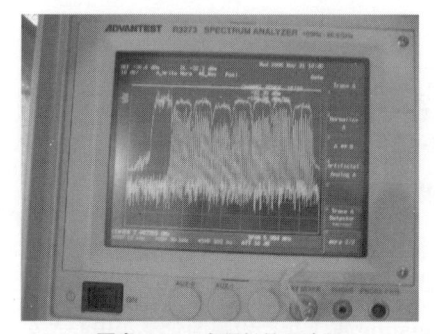

写真 3.11 変調信号の確認

写真 3.12 iBurst 端末機

44　　第 3 章　広帯域移動無線アクセス

写真 3.13　高速走行での通信実験

写真 3.14　VoIP電話の実験

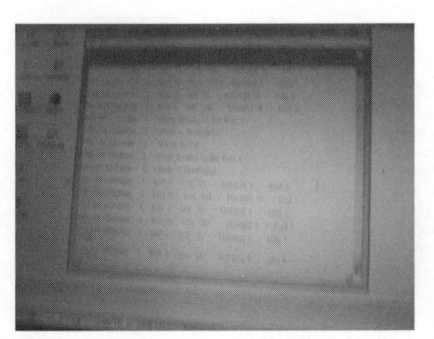

写真 3.15　高速走行時のハンドオーバ観測

3.5　WiBro

　WiBroはWireless Broadbandの略で，2006年6月の商用化を目指して開発された．2.3GHz帯を使用した広帯域移動無線アクセス方式の一つである．時速60kmで走行中でも，通信速度は上り回線で最大5.53Mbps，下り回線で最大19.97Mbps（複数の端末が接続されても一端末当たりの平均通信速度は1Mbpsを維持する）の通信サービスを行う．WiBroの概要を表3.7に示す．WiBroは，韓国電子研究院（ETRI），KT，SKT，Samsung電子などの韓国企業が中心となり，IEEE 802.16e規格を基盤として開発を進めた韓国独自の方式で，規格は

3.5 WiBro

TTAにより標準化が進められている．韓国情報産業省は，2005年にKT，SK Telecom及びHanaro Telecomの3社をWiBroのサービス事業者に選定したが，その後は，韓国での固定通信の最大手であるKTと移動通信の最大手であるSK Telecomの2社がWiBroサービスに向けて検討を行っている．各社に割り当てられた周波数は下記の通りである．

KT：2.331.5～2.358.5GHz（3チャンネル）
SK Telecom：2.300～2.327GHz（3チャンネル）
Hanaro Telecom：2.363～2.390GHz（3チャンネル）

WiBroは，2005年11月に釜山市で開催されたAPEC（アジア太平洋経済協力会議） PUSAN Summit 2005で，WiBroデータ端末と2種類のスマートフォン/PDA端末（OSにWindows Mobileを搭載したSPH-M8000と，従来型携帯電話を基にフルキーボードを搭載したSPH-M1000）が公開され，WiBroによるIP電話のデモンストレーションが行われた．

表3.7 韓国のWiBroの概要

周波数帯	2.3～2.4GHz
周波数帯域幅	8.75MHz
変調方式	上り回線：QPSK，16QAM 下り回線：QPSK，16QAM，64QAM
多元接続方式	OFDMA方式
FFTサイズ	1024
複信方式	TDD方式
通信速度	上り回線5.53Mbps／下り回線19.97Mbps
移動速度	～120km/h
サービス内容	ポータブルインターネット，高速無線

今後のサービス提供エリアは，KTは2006年中にソウル特別市や仁川市の首都圏，2007年には釜山市や大田市など15都市，そして2008年には全国主要都市で展開する計画がある．一方，SK Telecomは，2006年はソウル特別市中心部のみでのサービスを行い，2008年まではどの場所に需要があるかの調査を行う予定である．WiBro（通信速度は最大19Mbps）は，韓国内では同時期に全国展開されるHSDPA（通信速度は最大14Mbps）が競合となりうる．

第4章

有線ブロードバンド代替システム

　総務省は，有線ブロードバンドをひくにはその条件が不利な地域に対して，有線よりも低コストでブロードバンドのサービスを行うことを目的とする，図4.1に示すような有線ブロードバンド代替の無線通信システムを検討している．条件不利な地域とは，

① 面積が相対的に広く，人口や世帯密度が低い場所（有線によるブロードバンド端末の需要規模が小さく，導入コストが相対的に高くなる）．
② 離島，山間部などの有線の回線敷設が困難な地域．
③ 同一構内，または同一建物内．
④ 移動しながら使用はしないが，どこにでも持ち運んで可搬的にブロードバンド端末を使いたい場所．

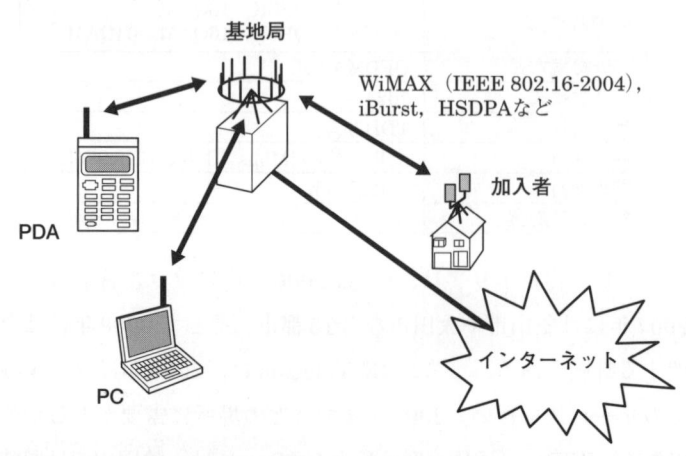

図 4.1　有線ブロードバンド代替システムの概要

第4章 有線ブロードバンド代替システム

有線ブロードバンドを代替するシステムの要求条件としては，

- ディバイスやサービスコストの低減化
- 世界的な標準化との協調
- 大規模市場による需要の下支え
- オープンスタンダード

など，導入の容易性や高い拡張性を挙げた．

また，有線ブロードバンドを代替するシステムの周波数帯の要求条件としては，

- 移動通信システムなどに使用される見込みがない（または，周波数の地域別利用が可能な），できる限り低い周波数帯であること．
- 国内または国外において，相当数の端末が既に導入されているか，導入が見込まれている周波数帯と合致すること．

を挙げた．検討されている周波数は，

1.5GHz帯：現状は2G携帯電話やMCA陸上移動無線に使用されているが，MCA陸上移動無線のアナログ方式については，2007年10月1日を利用の期限とする．移動通信システムの条件によっては，地域的に割当ての可能性を残す(3G携帯電話などの移動通信システムの導入が見込まれるが，条件は未定)．

2.5GHz帯：広帯域移動無線アクセス用の周波数であるが，このシステムを利用しないエリアに限り，有線ブロードバンド代替システム用に使用させる（周波数を占有する電気通信事業者に適用）．

4.9〜5.0GHz：キャリアセンス機能を具備することを前提として，他の無線アクセスシステムと同様，登録制の下で周波数を共用する（自営，及び周波数を共用する電気通信事業者に適用）．

有線ブロードバンド代替システムとしては，WiMAX（IEEE 802.16-2004），iBurst，高度化DS-CDMAなどが挙げられた．これらは，データ通信や音声を端末ユーザまでのラストワンマイルとして用いられる通信手段の他に，固定通信

網と無線LAN環境を接続するような基地局間の通信インフラとしても用いられる．また，緊急通信，行政機関が利用する通信，医療の現場などで利用されることも検討されている．

本章では，これらの無線通信システムの概要を説明する．なお，これらのシステムは移動通信にも用いることができるが，本章では，ARIB主催の第54回電波利用懇話会「ワイヤレスブロードバンドの推進に向けて」の資料に基づき，WiMAX（IEEE 802.16-2004），iBurst，高度化DS-CDMAを有線ブロードバンド代替システムのFWA（Fixed Wireless Access）に分類した．

4.1　WiMAX（IEEE 802.16-2004）

第3章で広帯域移動無線アクセスのWiMAX（IEEE 802.16e）について述べたが，本項では，固定無線アクセス（FWA）であるIEEE 802.16-2004に準じたWiMAXについて述べる．表4.1のIEEE 802.16-2004システムの概要に示すように，IEEE 802.16-2004は利用する周波数帯域を11GHz以下，通信速度は最大75Mbps（周波数帯域幅20MHz）としている．基地局を中心としたカバーエリアの半径は10km程度である．IEEE 802.16-2004とIEEE 802.16eではハードウェアのレベルから規格が異なるため，IEEE 802.16-2004に対応したハードウェアをIEEE 802.16eへ流用することはできない．IEEE 802.16-2004では，QPSK，16QAM，64QAMのいずれかの変調方式と，Single Carrier，OFDM方式，OFDMA方式の接続技術を組み合わせて使うことができる．加えて，変調方式と通信路符号化の符号化率（通信速度と変調速度の比）を切り換えることができるAMC（Adaptive Modulation and Coding）技術を適用することにより，通信環境の良い基地局の近くでは通信速度を高めることができる．通信方式は，

表 4.1　IEEE 802.16-2004システムの概要

規格名	最大通信速度	カバーエリア	周波数帯域幅
WiMAX IEEE 802.16-2004	75Mbps（周波数帯域幅20MHz）	10km	1.25〜20MHz

4.1 WiMAX（IEEE802.16-2004）

TDD方式やFDD方式が用いられる．IEEE 802.16-2004で用いられる変調方式ごとの周波数帯域幅と計算結果による通信速度の関係を表4.2に示す．各変調方式の後の分数は，符号化率を示す．

国内では2005年12月，規制緩和によってIEEE 802.16-2004規格のFWA-WiMAX向けに4.9GHz帯が開放された．YOZANはこのシステムを用いて，

表4.2　IEEE 802.16-2004システムで用いられる変調方式ごとの周波数帯域幅と通信速度の関係

周波数帯域幅	1.25MHz	1.75MHz	3.5MHz	5MHz
QPSK 1/2	1.04	1.45	2.91	4.16
QPSK 3/4	1.56	2.18	4.36	6.23
16QAM 1/2	20.8	2.91	5.82	8.31
16QAM 3/4	3.12	4.36	8.73	12.47
64QAM 1/2	3.12	4.36	8.73	12.47
64QAM 2/3	4.16	5.82	11.64	16.62
64QAM 3/4	4.68	6.55	13.09	18.7

周波数帯域幅	7MHz	10MHz	20MHz
QPSK 1/2	5.82	8.31	16.62
QPSK 3/4	8.73	12.47	24.94
16QAM 1/2	11.64	16.62	33.25
16QAM 3/4	17.45	24.94	49.87
64QAM	17.45	24.94	49.87
64QAM 2/3	23.27	33.25	66.49
64QAM 3/4	26.18	37.4	74.81

通信速度の単位：Mbps

写真4.1　WiMAX実験局（写真提供：YOZAN）

WiMAXの電波を直接受けられる法人向けサービス「WiMAXダイレクト」，及び一般向けのWiMAXをWiFiに変換して提供するサービス「Bit Stand」の営業活動を開始した．

4.2　iBurst

iBurst（アイバースト）は，アメリカのArrayComm（http://www.array-comm.com）が創造し，日本の京セラが現実化した広帯域移動無線アクセス*の一方式で，ANSI*/ATIS*の規格名ではHC-SDMA*方式と呼ばれているシステムである．表4.3にiBurstシステムの概要を示す．iBurstシステムは，IPベースのネットワークを前提に構成されているので，基地局はイーサネットなどで簡単にインターネットに接続でき，VoIPなどの音声サービスと親和性が高い．iBurstシステムはアダプティブアレイアンテナ技術（第10章参照）を採用しているので，基地局が隣接しても周波数利用効率の劣化は少ない．基地局では12本のアンテナを用い，空間多重数3を実現している．また，端末の移動に伴うハンドオーバだけではなく，自局が通信を行っているエリアで通信品質，周波数や基地局の混み具合などを端末が判定し，適した基地局への接続を行う．

FDMA方式による八つのキャリアで，1キャリア当たりの帯域幅は625kHzとし，8チャンネルで同時に通信ができる．周波数帯域幅は625kHz × 8 = 5MHzである．1キャリア当たり3多重（3ユーザが使用できる）のマルチキャリアFDMA方式である．

表4.3 iBurstシステムの概要

規格名	最大通信速度	最大カバーエリア	周波数帯域幅	通信が可能な移動速度
iBurst	24.4Mbps	10km	5MHz	120km/h
iBurst拡張	46.2Mbps	12.75km	5MHz	250km/h

---

*広帯域移動無線アクセス（IEEE 802.20，MBWA：Mobile Broadband Wireless Access）
　ANSI（American National Standard Institute：アメリカ規格協会）
　ATIS（Alliance for Telecommunications Industry Solutions：アメリカ電気産業通信連盟）
　HC-SDMA（High Capacity Spatial Division Multiple Access）

表 4.4　iBurst システムで用いられる変調方式

変調クラス	変調方式	下り回線通信速度	上り回線通信速度
0	BPSK	106	19
1	BPSK+	149	38
2	QPSK	245	77
3	QPSK+	379	130
4	8PSK	485	173
5	8PSK+	595	216
6	12QAM	787	293
7	16QAM	922	346
8	24QAM	1061	398*
9	32QAM	1133*	427*
10	64QAM	1493*	571*

通信速度の単位：kbps
*はiBurst拡張仕様でサポートされた性能

　変調方式は，表4.4に示すような適応変復調方式（BPSK～64QAM）を採用している．アクセス方式はTDMA/TDD方式，多重化方式はSDMA方式を採用している．基地局のトータルスループットは最大32.35Mbps（下り回線で最大24.4Mbps，上り回線で最大7.95Mbps），ユーザ側の通信速度は下り回線で最大1,061kbps，上り回線で最大346kbpsである．この場合，基地局の単局での周波数利用効率は32.35Mbps/5MHz/cell = 6.47bps/Hz/cellと，他のシステムに比べると高い．

　iBurstシステムは京セラにより製品化され，2004年からオーストラリアではPBA（Personal Broadband Australia）が，2005年4月1日から南アフリカ共和国ではWBS（Wireless Business Solutions）が，それぞれ商用サービスを始めている．今後，アフリカやヨーロッパ，カナダでも商用サービスが開始される予定である．

　また，iBurst仕様を拡張したものがIEEE 802.20 WGに提案され，基本技術仕様として承認されており，その名称はMBTDD 625k-MC modeと呼ばれている．この拡張仕様では，32QAMや64QAMといった多値変調方式を新たに追加して通信速度をより大きくするとともに，移動性能を向上させて最大250km/h

でも通信可能とする改善が含まれている．

　iBurstの普及に努めるiBurstフォーラムは，アメリカのArrayComm，韓国のDewell，日本の京セラ，オーストラリアのPBAによって発足された組織である．

　iBurstの標準化は，海外では，アメリカのATISでHC-SDMAとして標準化が完了した．このANSIに続き，現iBurst仕様を拡張したIEEE 802.20，MBWA（Mobile Broadband Wireless Access）の625k-MCモードが基本技術仕様としてドラフト作成中で，日本ではARIB（IEEE 802.20での動向を参考にBWA部会にて）にて検討が行われる予定であり，JEITA（電子情報技術産業協会：Japan Electronics and Information Technology industries Association）のITS技術標準委員会，TC204/WG16分科会ではすでに検討が行われている．

　国際的標準化としては，ANSI/ATISの標準化完了を受け，アメリカ代表部からITU-R WP8Aへシステムとして提案され，ITU-R WP8Aは2006年末頃に結論を出す予定である．また，JEITAのTC204/WG16分科会より，ISO（国際標準化機構：International Organization for Standardization）のTC204/WG16（ITS）へ国際標準化としての提案が行われているとともに，ヨーロッパのETSI（TG37（ITS））にも技術仕様が回覧されている．また，IEEE 802.18からはMBTDD，625k-MC Modeを含むIEEE 802.20仕様全体をITU-R WP8Aへ提案する予定がある．

写真4.2　iBurst（写真提供：京セラ）

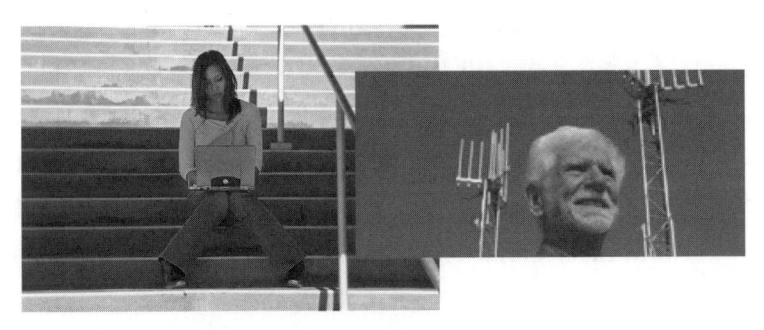

写真 4.3 iBurst（写真提供　ArrayComm）

写真4.3にiBurst端末を使用する女性とiBurst基地局アンテナの写真を示す．このアンテナは，San Joseで試験運用しているiBurst基地局用アンテナの例である．写真右側の人物はiBurstを創造したArrayCommの会長 Martin Cooper氏である．

4.3　HSDPA

第3世代（3G）移動体通信システムの標準化を行っていた3GPPが，IMT-2000の中のDS-CDMA方式を高度化した高度化DS-CDMAとして，HSDPAの標準化を行った．

HSPDAは，第2章でも述べたように高速パケット伝送技術の一つで，5MHzの周波数帯域を使って下り回線の最大通信速度を14.4Mbpsに高めた．WiMAX（IEEE 802.16e）などと同じく，3.5Gに位置づけられている．

HSDPAでは適応変復調方式が採用されている．通信状態が悪いときはQPSKを用いて通信速度は2Mbps程度，通信状態が良いときは16QAMを用いて通信速度は14.4Mbpsと高速になる．

また，チャンネル符号化（AMC）技術を採用している．符号化率も通信状態に適応しており，通信状態が悪いときは誤り訂正能力が高い方式，通信状態が良いときは符号長を短くした誤り訂正能力が低い方式に切り替わる．

HSDPAの特徴として，ハイブリッドARQがある．これは，従来のARQに誤

り訂正符号を加えた技術である．従来のARQは，あるパケットを送信側から受信側に送信したときにエラーが生じた場合，そのパケットを再度送信側に送信するように要求するNAK（Not AcKnowledge）信号を，エラーがないときには次のパケットを送信するように命ずるACK（ACKnowledge）信号を送信側に送るようになっている．ハイブリッドARQでは，最初から誤り訂正符号を送信する（FEC：Forward Error Correction）ことで，送信側からのパケット再送回数を減らすことが可能になり，スループットを高めている．

写真 4.4 HSDPA端末（写真提供：NTTドコモ）

第5章
ITS

　総務省は「安全・安心ITS」の利用シーンとして，移動する無線機器同士が自動的に瞬時にかつ優先的にアドホック的な無線通信ネットワークを構築し，交通事故を削減するための安全・安心高度化ITS[*]を想定している．78～81GHz帯を用いて通行人やベビーカーなどを識別できるミリ波レーダ，見通しの悪い交差点などで用いるVHF帯/UHF帯を用いた車車間通信システム，5.8GHz帯（5770～5850MHz）を用いて信号機などから車両へ道路状況を伝える路車間通信システムなどを検討している．

　ITSは，情報通信技術を用いて人と道路と車両の3者を情報で結びつけることにより，交通事故，渋滞などの問題を解決するための交通システムである．その開発分野は，

① ナビゲーションシステムの高度化
② 自動料金収受システム
③ 安全運転の支援
④ 交通管理の最適化
⑤ 道路管理の効率化
⑥ 公共交通の支援
⑦ 商用車の効率化
⑧ 歩行者等の支援
⑨ 緊急車両の運行支援

---
[*] ITS（Intelligent Transport Systems：高度道路交通システム）

の九つから構成されている．

　2000年からはVICS*による交通関連情報の提供が始まり，車載ナビゲーションシステム上に渋滞情報，地域情報などが表示されるようになった．また，ETC*が開始され，料金所での渋滞緩和に役立っている．

　今後のITSの展開は，次のように考えられている．

① 利用者に対して，目的地に関するサービス情報，公共交通情報などの情報内容が拡充され，一層のサービスの向上が図られる．
② ドライバーの安全運転の支援と歩行者の安全性向上により，高速道路，一般道路における交通事故の減少が図られる．交通事故などが発生した場合においても，迅速な通報と交通規制により被害の拡大が防止され，緊急・救援活動の迅速化と合わせ，従来であれば命を落としていたかもしれない人々を救う．

5.1　　自律型システム

　交通事故の回避のためにITSでは，図5.1に示すような自動車と自動車の衝突防止ミリ波レーダの搭載を検討している．将来的には，通行人やベビーカーをも識別できる高精度（分解能：数十cm程度）な障害物検知や回避を行える自律型システムを搭載していく．また，これらの情報は後述の車車間通信システムや路車間通信システムとも情報の連携を図ってゆく．

　自律型システムに用いられるミリ波レーダは，以下の制御を行うための重要な補助装置となる．

・雨や霧などの天候でも効果を発揮できるミリ波レーダを利用して，前走車などの状態を検出し，適切なアクセル／ブレーキ制御により加速／減速を行う．
・衝突が避けられない自車の状況を事前に判断し，安全装備（シートベルトの早期巻取り，エアーバックを作動させる準備，衝突速度を低減させる制動力の制

---

* VICS（Vehicle Information and Communication System：道路交通情報通信システム）
　ETC（Electronic Toll Collection system：ノンストップ自動料金支払いシステム）

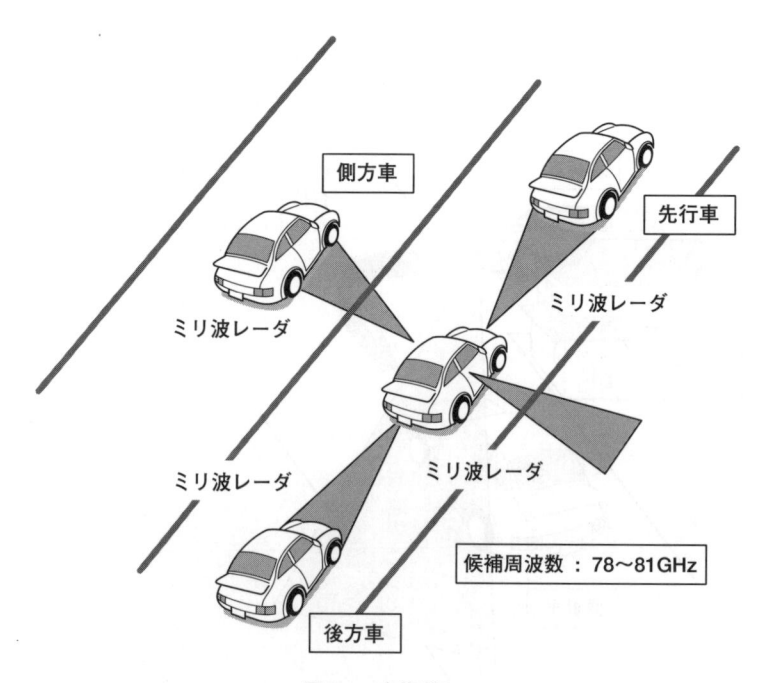

図 5.1　自律型システム

御）を早急に作動させる．

　総務省は，この目的のミリ波レーダの周波数として，今まで国内で検討してきた76GHz帯から国際的に標準化が進められている79GHz帯（78〜81GHz）への移行を検討している．周波数帯域幅が3GHzあるので，約20cmの分解能が得られるミリ波レーダが実現できる．

5.2　車車間通信システム

　図5.2に示すように，追突事故を未然に防ぐためには，自車の前を走行する車がブレーキを踏んだなどの情報があるとよい．

　車車間通信システムには，以下のような機能を持たせる．

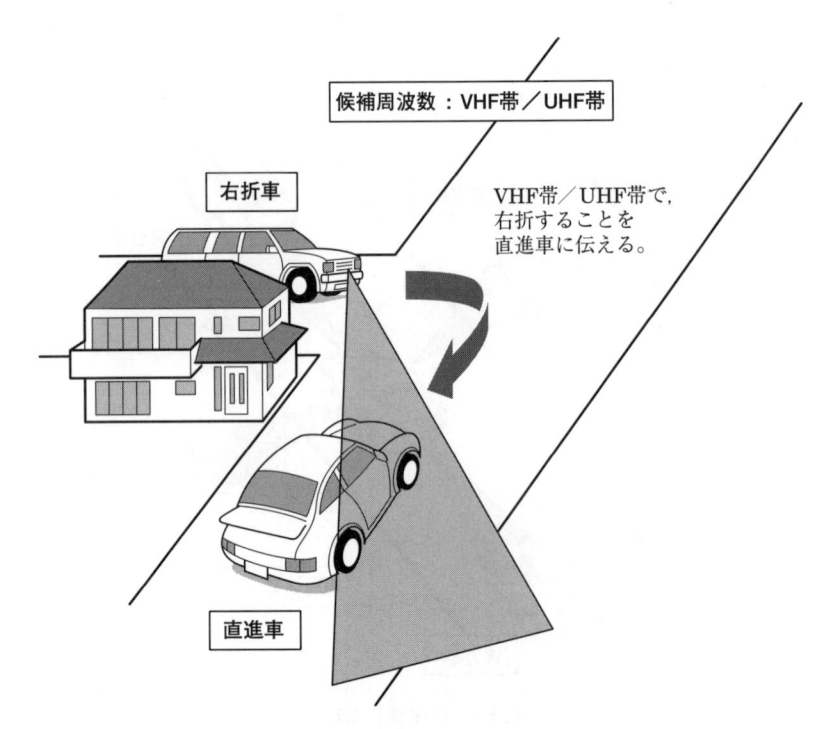

図 5.2　車車間通信システム

事故防止支援：自車の位置や挙動などの情報を送信すると同時に，周辺車両の位置や挙動などの情報を受信する．自車で周辺車両の情報を解析して，その解析結果に基づき事故を未然に防止するために警報をならしたり，自車を減速させたり，停止させたりする．

車両制御支援：前後車両間で制動，挙動情報を無線で交換する．例えば，前車が減速制動に入ったら，後車も自動的に減速する．

情報交換：車両間でネットワークを構成し，インターネットなどにも接続したり，車両間でエンターテインメント情報などを交換する．

　総務省は，車両間での位置，速度情報の提供など，将来的にはこれらの機能を高度化させ，他のシステムの情報を中継し，自動車がアドホックネットワークの

構築を行うことを検討している．この通信の候補周波数としては，建物などで電波が遮られないVHF帯／UHF帯などを想定している．

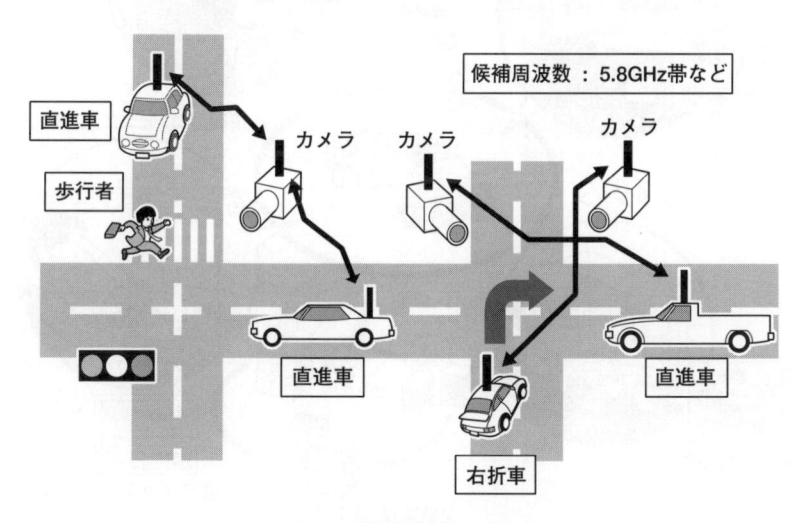

5.3　路車間通信システム

　図5.3に示すように，カメラやセンサが接続された路側機（無線通信装置）を交差点や路肩に設置し，横断歩行者や自転車などの情報，死角画像情報（右折事故対応），信号情報，停止・低速走行車両の情報，近接車両情報（出会い頭事故対応），道路規制情報などを無線を用いて自動車とドライバーに提供する．現行のVICSシステムやDSRC*システムを多情報化していく．

　路側機が設置されているエリアでは事故対策に路車間通信システムが活用できるが，路側機が設置されていない交差点などでは，事故を回避したり事故の被害軽減のために車車間通信システムも有効に併用する．総務省は，2010年以降に車車間通信システムと路車間通信システムを導入し，さらに将来的には，路車間通信システムにより提供された情報を，車車間通信システムで形成されるアドホ

図 5.3　路車間通信システム

* DSRC（Dedicated Short Range Communication：専用狭域通信）

ックネットワークにより広範囲に存在する車両へ提供することを想定している．

また，総務省は候補周波数として5.8GHz帯を挙げ，この周波数を有効に活用し，現行のVICSの高度化やDSRCを利用したサービスを検討する．将来的に新たなサービスの提供や需要が高まれば，さらに周波数を追加することも考えている．

5.4　DSRC

DSRCは図5.4に示すように，これから進化すると期待されているITSの分野の無線システムである．直径30mのカバーエリアで，5.8GHz帯を用いた双方向ブロードバンド通信（4Mbps）を実現する．変調方式は，ETCではASK（Amplitude Shift Keying），DSRCでは$\pi/4$シフトQPSKが使われている．空

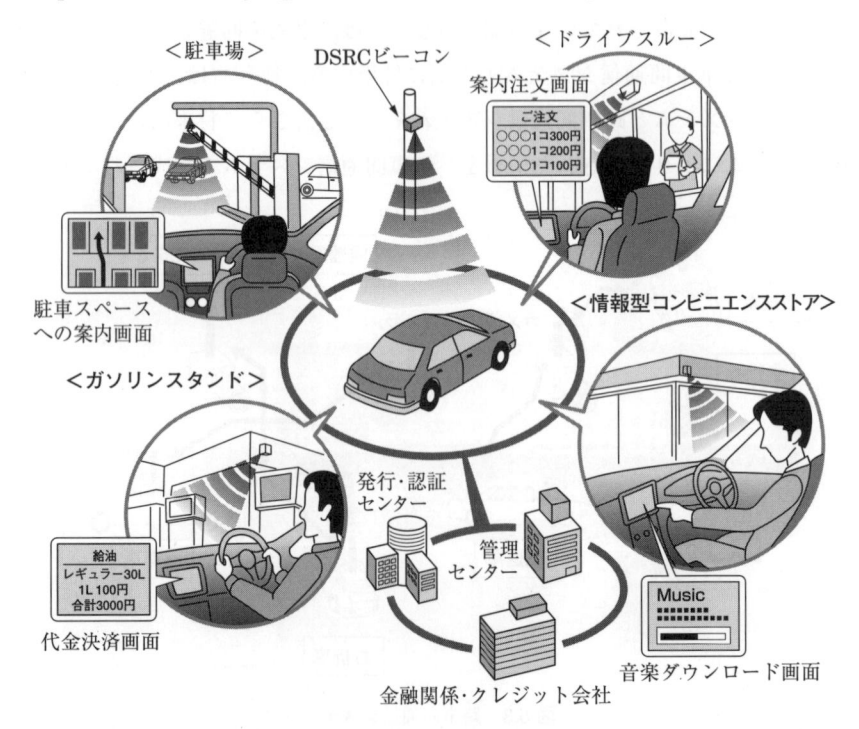

図 5.4　DSRCの一例（提供：三菱電機）

中線電力は10mW以下である．同一スポット内で4〜8端末が利用できる．

DSRCはARIB STD-T75で標準化されたものである．DSRCを用いて，路側器（路側に設置された無線機器）と車載器（車両に搭載された無線機器）の間で無線通信を行う．応用例としては，ETC，AHS[*]，インターネット接続，音楽や動画のダウンロード，IP電話，ガソリンスタンドや駐車料金の自動決済などがある．

具体例として，ガソリンスタンドと自動車間の情報通信が考えられる．自動車はガソリンスタンドに入ると，ガソリンの残量，タイヤの空気圧，エンジンオイルの状態などの情報をガソリンスタンドの従業員やシステムに無線で伝えることが可能となる．また，DSRCは通信速度が速いので，給油中にカーオーディオに音楽をダウンロードすることも可能であり，自動的に料金決済を完了させることもできる．

5.5　アメリカの車車間通信，路車間通信システムの動向

アメリカでは1999年10月，FCC[*]がITS向けのDSRCに5.9GHz帯（5850〜5925MHz）を割り当てた．2002年10月のASTM[*]では，DSRCにOFDM方式を利用する仕様を標準として採用した．そして，この仕様をIEEEに持ち込み，そこで標準化をすることで接続性の促進を目指すこととした．IEEEでは，2004年11月から「WAVE」という名称で5.9GHz帯のDSRCにIEEE 802.11pの標準化を検討し，その標準化と検討用の試作機をDIC (DSRC Industry Consortium) が推進している．IEEE 802.11pのパラメータは，IEEE 802.11aのハーフレートがベースとなっている．IEEE 802.11pのパラメータを表5.1に示す．

WAVEシステムでは，MAC (Media Access Control) 層/PHY（物理）層がIEEE 802.11，上位層がIEEE 1609で標準化が進められている．

2008年には，全アメリカ規模でのインフラ整備の可否を判断する予定である．

---

[*] AHS (Advanced cruise-assist Highway Systems：走行支援道路システム)
　FCC (Federal Communication Commission)
　ASTM (American Society for testing and Materials)

表 5.1　IEEE 802.11pのパラメータ

通信速度	3, 4.5, 6, 9, 12, 18, 24, 27Mbps
変調方式	BPSK-OFDM, QPSK-OFDM, 16QAM-OFDM, 64QAM-OFDM
誤り訂正符号	K＝7畳み込み符号
符号化率	1/2, 2/3, 3/4
サブキャリア数	52
OFDMシンボル長	8マイクロ秒
ガードインターバル	1.6マイクロ秒
周波数帯域幅	8.3MHz

5.6　欧州の車車間通信，路車間通信システムの動向

　欧州での車車間通信，路車間通信システムの仕様策定や普及策は，C2C_CC（Car to Car Communication Consortium）主体の自動車メーカー主導で検討している．ETSIは5.9GHz帯で，周波数幅10MHz×2チャンネルを要望している．また，IEEE 802.11pの採用にも前向きである．2001～2004年に車車間通信による運転支援システム（Car TALK 2000）プロジェクト，2004～2008年に予防安全による交通事故低減のための統合プロジェクト（Integrated Project PRe VENT）を行っている．PRe VENTのサブプロジェクトとして，WILLWARN（WIreLess Local danger WARNing）という無線通信を用いたドライバーへの警告，情報提供による安全運転支援を検討している．

第6章

次世代情報家電

　総務省は，近距離に配置されている情報家電機器間で，無線により機器同士が自動的に最適なネットワークを構築し，利用者が機器同士の通信を意識することなく利用できるシーンを想定して，ストリーミング（ネットワークを通じて映像や音声などのデータを視聴する際に，データを受信しながら同時に再生を行う）の観点から，情報家電機器間無線通信を以下の四つの用途に分類した．

① 大画面テレビ，据置型レコーダ，チューナなどの映像機器端子間のケーブル

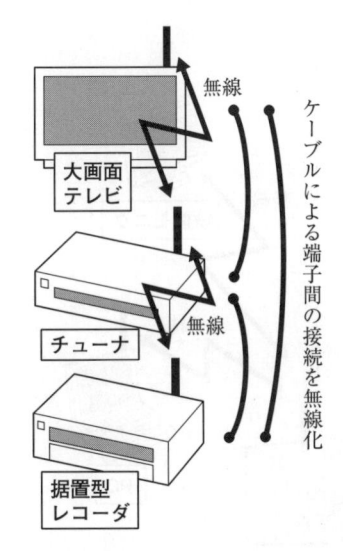

図 6.1　映像機器の端子間接続の用途 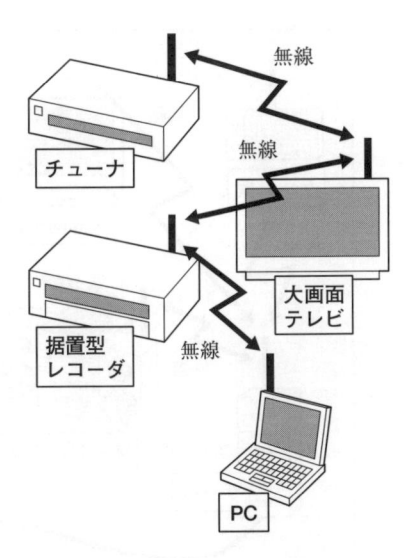　　　図 6.2　映像を主体とした用途

配線を無線で接続する用途（図6.1）．

② 大画面テレビ，据置型レコーダ，PC，チューナなどの映像を主体としたストリーミング用途（図6.2）．

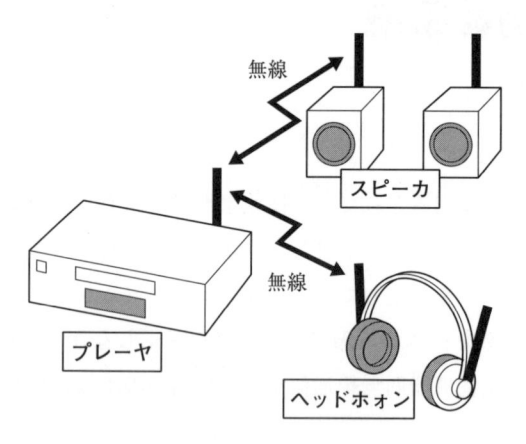

図 6.3 音楽を主体とした用途

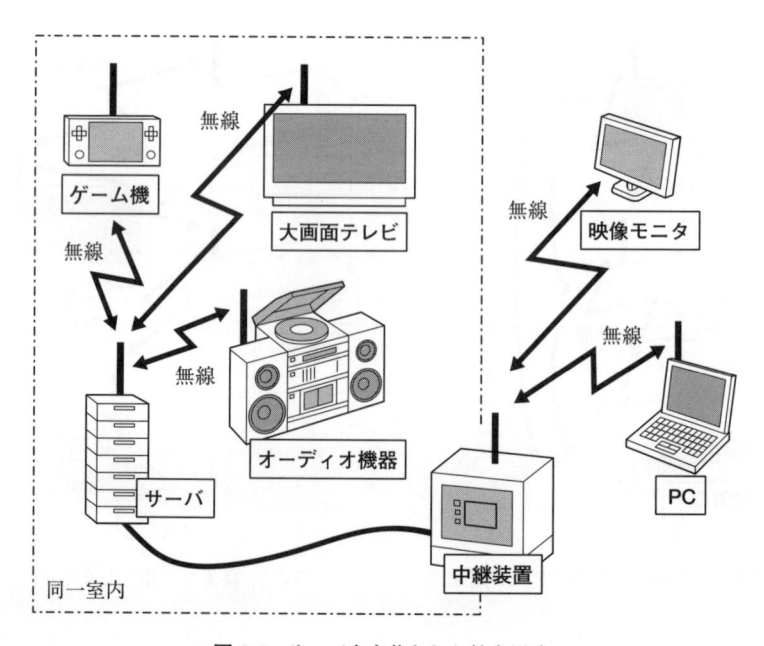

図 6.4 サーバを主体とした統合用途

③ プレーヤ，スピーカ，ヘッドフォンなどの機器間で，音楽を主体とした用途（図6.3）．
④ 同一室内にあるサーバ，大画面テレビ，ゲーム機，オーディオ機器などからデータを，中継装置を活用して，外部のPCや映像モニタに無線で伝送する，サーバを主体とした統合用途（図6.4）．

総務省は，この次世代情報家電の導入時期を2015年に設定した．候補としている周波数帯は5GHz帯で，国際的な合意に基づく周波数帯域を選定し，情報家電以外のシステムとの周波数共用で情報家電機器間の無線接続を実現する計画である．現時点では必要な最大周波数幅は540MHzと想定しているが，2008年頃に無線LANの高度化技術と高速化，新しい映像符号化の動向，国際的な電波利用の方向性，新技術開発動向を踏まえ，周波数帯や周波数幅を再検討する予定である．

システムの要求条件としては，次のものが考えられる．

・十分な伝送帯域とQoS保証のしくみを確立する．
・PCなどのIP機器やモバイル機器（車載機器を含む）などと，ネットワークレベルでの相互接続性が，世界中の家庭で確保できる．
・操作が容易であり，初期設定，機器の追加，削除，メンテナンスが簡単に行える．
・セキュアなネットワーク環境を提供する．
・現在検討中のDLNA（Digital Living Network Alliance）などとの親和性を考慮する．

6.1　無線LAN（IEEE 802.11）

総務省は企業からのアンケート結果に基づき，情報家電機器間の通信には5GHz帯の無線LANを用いることを検討している．無線でデータの送受信をする無線LANは，図6.5に示すように，本来は同一の建物や部屋の中に分散して

いるパソコンやプリンタなどを「ネットワーク」で繋ぐことにより情報を共有し，これらを経済的かつ効率的に使うための手段である．一般に電波を利用するには無線局免許が必要だが，無線LANに使用されている周波数帯はISM（Industry（産業），Science（科学），Medical（医療）の頭文字）帯を使用しており，10mW/MHz以下の電力密度であれば免許不要（特定小電力無線設備）で，誰で

表6.1 IEEE 802.11委員会の検討内容

規格名	概　要
IEEE 802.11	無線LANの最初の規格．使用周波数2.45GHz帯，通信速度は最大2Mbps，他に，赤外線LAN（変調方式は16PPM，4PPM）も規定されている．
IEEE 802.11a	使用周波数5GHz帯の無線LAN．通信速度は最大54Mbps
IEEE 802.11b	使用周波数2.45GHz帯の無線LAN．通信速度は最大11Mbps
IEEE 802.11c	有線LAN（Ethernet）と無線LANのブリッジ方法の規定
IEEE 802.11d	802.11の周波数が利用できない地区向けの無線LAN規格
IEEE 802.11e	QoS機能の追加．特定の通信への優先権
IEEE 802.11f	別々のベンダーのアクセスポイントIAPP（Inter-Access Point Protocol）間でのローミング
IEEE 802.11g	使用周波数2.45GHz帯の無線LAN,通信速度は最大54Mbps（802.11bの拡張）
IEEE 802.11h	欧州で5GHz帯の無線LANを利用するための，PHY層/MAC層に関する追加規格
IEEE 802.11i	WEP（暗号化技術）のセキュリティ強化のためのMAC層/PHY層に関する追加規格
IEEE 802.11j	日本における4.9～5.0GHz帯の無線LAN利用のための802.11aの追加規格
IEEE 802.11k	電界強度測定のためのMAC層/PHY層に関する追加規格
IEEE 802.11m	802.11aと802.11bの仕様の修正
IEEE 802.11ma	802.11/11a/11b/11dの4つの規格の更新
IEEE 802.11n	高速無線LANの仕様．100Mbpsを超えるスループットに対応する無線LAN規格
IEEE 802.11p	802.11aのハーフレート規格で，Wi-Fi DSRCとして検討されている．
IEEE 802.11r	BSS（Basic Service Set）か変わったときの高速ローミングの仕様
IEEE 802.11s	Wi-MA（WiMesh Alliance）ネットワークのMAC層/PHY層に関する仕様
IEEE 802.11u	802規格以外のネットワーク（携帯電話など）とのインターワーキングに関する規格
IEEE 802.11v	マネージメントに関する規格
IEEE 802.11w	マネージメントフレームの保護

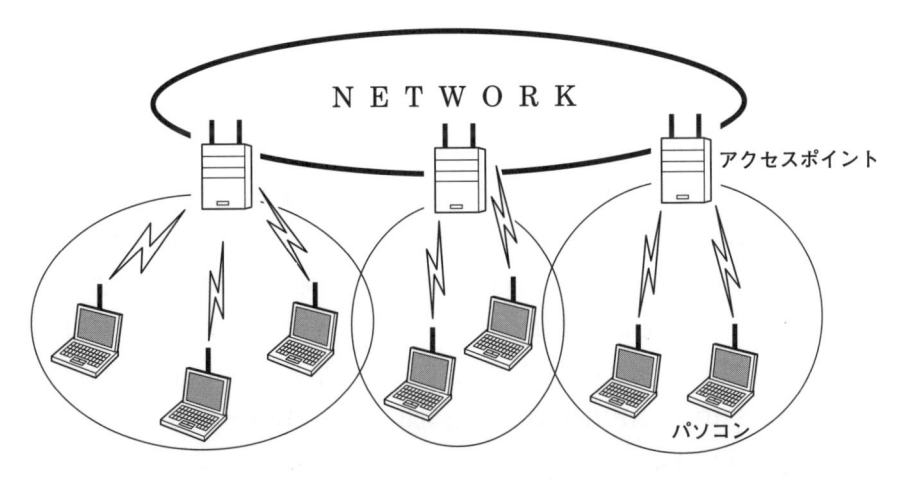

図 6.5　無線 LAN（Network Topology）

も自由に利用できる．無線LANの規格の標準化は，IEEE 802.11で行われている．IEEE 802.11委員会の検討内容を表6.1に示す．

これらの規格に準拠することで，異なるメーカー間でも通信が可能になった．また，PHY層（物理層）での周波数，変調方式，物理層ヘッダなどを改良することで，データ通信の高速化及び，大容量化が図られる．

(1) IEEE 802.11a

次世代情報家電ネットワークで，当面の採用が検討されている無線LAN規格のIEEE 802.11aは，5GHz帯（5.15～5.35GHz及び5.75～5.85GHz）の周波数を用い，通信速度は6～54Mbpsである．変調方式にはDBPSK（Differential Binary Phase Shift Keying），DQPSK（Differential Quadrature Phase Shift Keying），16QAM，64QAM，多重化技術にはOFDM方式，アクセス制御にはCSMA/CA（Carrier Sense Multiple Access/Collision Avoidance）方式を採用している．国内では，使用周波数帯が5.15～5.25GHz（4ch）で，屋内での使用に限られている免許不要のシステムがあったが，2006年5月に周波数の変更及び拡張（8ch）が行われた．その他，免許は必要であるが，屋内，屋外で利用できる4.9～5.0GHz，及び5.03～5.091GHzを用いた無線LANシステムもある．

この規格としてはARIB STD-T71が該当する．

(2) IEEE 802.11b

IEEE 802.11bは，現在，最も広く製品化されている2.45GHz帯（2.4〜2.497GHz）を用いた，通信速度が1/2/5.5/11Mbpsの無線LANの規格である．免許は不要で，屋内，屋外の両方で使用できる．変調方式にはDBPSK，DQPSK，CCK (Complementary Code Keying)，多重化技術にはDS-SS (Direct Sequence-Spread Spectrum)，アクセス制御にはCSMA/CA方式を採用している．この周波数帯は，電子レンジ，アマチュア無線，RFID，Bluetooth，ZigBeeなども利用している．この規格としてはARIB STD-T33 (2471〜2497MHz)，ARIB STD-T66 (2400〜2485MHz)が該当する．

(3) IEEE 802.11e

IEEE 802.11eは，IEEE 802.11aやIEEE 802.11bとの互換性を保ちながら付加機能を追加した規格で，伝送技術にはIEEE 802.11aの仕様を一部流用している．追加された機能は，ユーザ認証やアクセス制限の手段を提供するセキュリティ機能，マルチメディアデータの流通を意識したサービス品質制御技術のQoS機能などである．アクセス制御にはCSMA/CA方式ではなくDynamic TDMA方式を採用したので，音声や動画のストリーミング配信では，中断が起こりにくくなり，スムースな再生が行える．

(4) IEEE 802.11g

IEEE 802.11bと同じ2.45GHz帯 (2,400〜2,485MHz) を用い，IEEE 802.11aと同じ伝送方式を使うことで，通信速度は6〜54Mbpsが可能となった無線LANの規格である．変調方式にはDBPSK，DQPSK，CCK，BPSK，QPSK，16QAM，64QAM，多重化技術にはDS-SS方式，PBCC-22 (Packet Binary Convolutional Code-22)，CCK-OFDM方式，OFDM方式，アクセス制御にはCSMA/CA方式を採用している．この規格としてはARIB STD-T66が該当する．

(5) IEEE 802.11j

日本国内でIEEE 802.11aが使用する5.2GHz帯付近の周波数は屋外で使用できないため，2002年9月の電波法の一部改正により新たにデータ通信用として

割り当てられた4.9～5.0GHzの無線LANの規格がIEEE 802.11jである．末尾のjはJapanの頭文字ではなく，802.11の名称が偶然jとなった．この規格としてはARIB STD-T71が該当する．

(6) IEEE 802.11n

IEEE 802.11nは，MIMO技術を用いて100Mbps以上の通信速度を目指す5GHz帯の次世代無線LANの規格である．2006年2月19日に，ハワイで行われたIEEEの作業部会によりドラフトが承認された．

(7) その他の国内で利用できる無線LAN

その他，国内で利用が認められている無線LANに，ARIB STD-34で規定された18～19GHz帯を用いた通信速度が25Mbpsのシステム（免許要），ARIB STD-T71で規定された55～75GHz帯を用いた通信速度が100Mbps～1.6Gbpsのシステム（免許不要）がある．

6.2　UWB（Ultra Wide Band）

UWB（Ultra Wide Band）方式は，従来以上に広い周波数帯に拡散して通信を行うシステムである．UWB方式が提案された頃は，無変調のインパルス無線（Impulse Radio）方式で1ナノ秒以下の非常に短いインパルス状の純粋なパルス信号列を用いた無線通信を行うことを意味していた．近年では，広帯域な変調方式を用いた近距離高速無線として，画像や大容量データの伝送，Wireless USB（Universal Serial Bus）やWirelsss 1394，高精度レーダ，地中レーダ，スルーウォールセンサなどの基本技術ととらえられている．

6.2.1　日本におけるUWB無線システム

国内では2002年10月15日，東京工業大学理工学研究科の安藤真教授を主査とする情報通信審議会情報通信技術分科会 UWB無線システム委員会の第1回目の委員会が実施され，2006年1月にUWB無線システム案が報告された．以下にその概要を述べる．

(1) UWB無線システムの定義

最高輻射周波数に対して輻射電力が10dB下がった両外側の周波数間を周波数帯域幅と定義し，その周波数帯域幅が500MHz以上，またはその周波数帯域幅を中心周波数で除した値が0.2以上のものをUWB無線システムという．

(2) 使用周波数帯

使用周波数帯は，3,400〜4,800MHz，及び7,250〜10,250MHzまでとし，送信電力レベルは−41.3dBm（アメリカの基準値と同じ）以下とする．4,800MHz〜7,250MHzまでの周波数帯は，受動業務との周波数共用を考慮して，送信電力レベルは−70dBm（欧州が検討中の基準値）以下とする．また，4,200〜4,800MHzの周波数帯では，干渉軽減技術の時限的処置についての検討も行われている．3,400〜4,800MHzの帯域では，2009年1月1日以降は干渉軽減技術を備え付ける必要がある．干渉軽減技術を具備していない場合，平均電力を−70dBm/MHz以下，及び−30dBm/50MHz以下とする．暫定的な電力マスクを図6.6に示す．

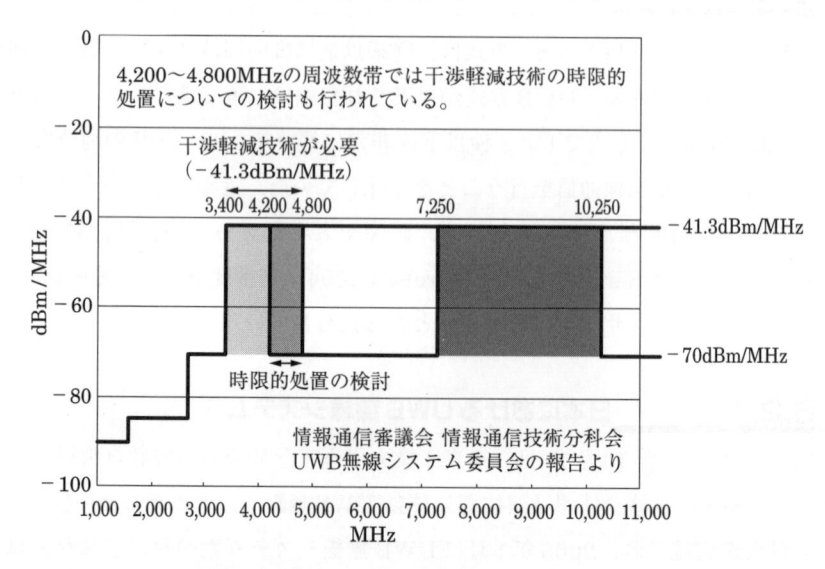

図6.6 UWBシステムの暫定電力マスク

表 6.2　1MHzあたりの最大となる平均電力及び尖頭電力

周波数帯〔MHz〕		平均電力	尖頭電力
	1,600未満	−90dBm/MHz	−84dBm/MHz
1,600以上	2,700未満	−85dBm/MHz	−79dBm/MHz
2,700以上	3,400未満	−70dBm/MHz	−64dBm/MHz
3,400以上	4,800未満	−41.3dBm/MHz	0dBm/50MHz
4,800以上	7,250未満	−70dBm/MHz	−6dBm/MHz
7,250以上	12,500未満	−41.3dBm/MHz	0dBm/50MHz
	12,500以上	−70dBm/MHz	−64dBm/MHz

(3) 空中線電力

使用周波数帯の暫定的な空中線電力は，1MHz当たりの最大となる平均電力，及び尖頭電力で規定されている．暫定的な空中線電力を表6.2に示す．

(4) 空中線（アンテナ）の利得

空中線の絶対利得は0dBi以下とするが，等価等方輻射電力が絶対利得0dBiの空中線に使用周波数帯の空中線電力を与えたときの値以下となる場合は，その低下分を空中線の利得で補うことができる．

参考までに，送信機の出力電力にアンテナ利得を乗じた値を実効輻射電力（ERP：Effective Radiated Power）という．商用ベースでは，実効輻射電力（ERP）を算出するときに，アンテナ利得にダイポールアンテナを基準とした相対利得（dBd）を用いることが多く，Watt，dBdの単位系を用いる．しかし，回線設計を行うときには，アンテナ利得に絶対利得（アイソトロピックアンテナを基準とした利得で，単位はdBi）で計算した実効輻射電力を用いる．この場合の実効輻射電力は，ERPと区別してEIRP（Effective Isotropic Radiated Power）となり，dBm，dBiの単位系を用いる．

(5) 通信方式及び変調方式

通信方式：単信方式，復信方式，及び半復信方式

変調方式：特に限定はしない．現時点では，インパルス方式，DS-UWB方式，MB-OFDM方式などを想定している．

(6) 拡散帯域幅

最高輻射周波数に対して，輻射電力が10dB下がった周波数帯域幅が500MHz以上．

(7) 通信速度

50Mbps 以上．ただし，雑音などによる干渉回避のために通信品質を確保する場合には，通信速度を低減できる．

(8) 通信制御

① UWB無線システムの無線設備は，新たに送信する前に，周囲のUWB無線システム無線設備の識別信号を確認する必要がある．送信は，その確認後に開始できる．

② 周囲にあるUWB無線システムの無線設備の識別信号を検出できなかった場合には，UWB無線システムの無線設備は識別信号の送出を可能とする．

(9) 混信防止機能

識別符号を自動的に送信，または受信する機能を有し，他の無線局の運用を阻害するような混信や妨害を与えないように運用する．

(10) 端末設備内において電波を使用する端末設備

① 端末設備を構成する一の部分と他の部分の相互間において電波を使用する場合，48ビット以上の識別符号を有すること．

② 特定の場合を除き，使用する電波の空き状態についての判定を行い，空き状態のときのみ通信路を設定する．

(11) 運用制限

屋内運用のみ

(12) 違法改造への対策

違法改造への対策として，一つの筐体に収められており，容易に開けることができない構造とする．

海外の動向として，アメリカでは2002年にFCCが，地中レーダ，スルーウォールセンサなどで使われていたUWB技術を民生に利用させるという見解を示し，FCC Rule Part15, Subpart F Ultra-Wideband Operation として認めた．UWB技術を用いると微弱電力で通信が行えるので，他の通信システムとの共存が可能となり，家電や携帯端末に内蔵した近距離無線通信システムとしての利用

が期待されている．UWB技術の標準化はIEEE 802.15.TG3aで協議されており，前述の変調方式に示すDS-UWB方式とマルチバンドOFDM方式の2方式が提案されている（http://www.ieee.org/）．

6.2.2　DS-UWB方式

アメリカのMotorolaと日本のNiCT[*]が提案している，IR（Impulse Radio：インパルスラジオ）方式とDS-SS（Direct Sequence Spread Spectrum：直接拡散スペクトル拡散）方式を合わせたハイブリッド方式がDS-UWB方式である．IR方式とは図6.7に示すように，非常に短いパルス信号によって情報を送受信する方式である．1周期のパルス幅をt秒とすると，パルスの周波数帯域幅は$1/t$Hzである．パルス幅を1ナノ秒とすると，その周波数帯域幅は1GHzと非常に広帯域になる．パルス信号の到着時間を計測することにより，距離を測ることもできる．DS-SS方式は図6.8に示すように，搬送波を拡散符号により直接広帯域に拡散する方式で，広い周波数帯域が必要になるが，信号の強さは弱くても情報を伝送することが可能である．これは，携帯電話や無線LANなどのCDMA方式として使われている技術である．

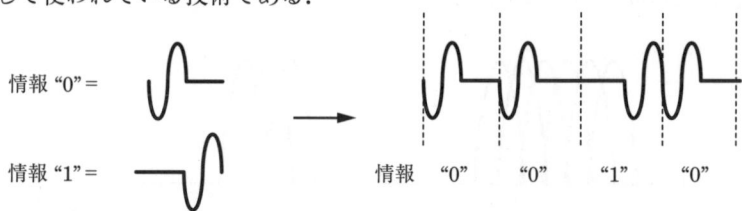

図6.7　IR方式の一例

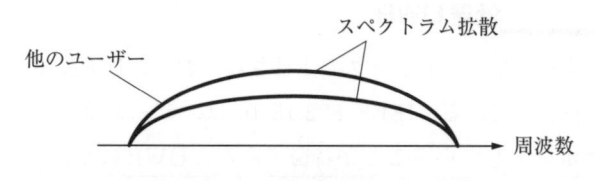

図6.8　DS-SS方式のスペクトル

[*] NiCT（National institute of information and Communications Technology：独立行政法人情報通信研究機構）

6.2.3　マルチバンドOFDM方式

MBOA[*]は，マルチバンドOFDM（Orthogonal Frequency Division Multiplexing：直交周波数分割多重）方式を提案している．MBOAは2005年4月，WiMedia Allianceと合併し，新組織のWiMedia-MultiBand OFDM Allianceとなった（http://www.wimedia.org/en/index.asp）．

マルチバンドOFDM方式は，3.1〜10.6GHzの周波数帯域を14バンドに分割し，それをさらに五つの論理チャンネルにグループ化する．図6.9に，マルチバンドOFDM方式のスペクトルを示す．一定の周波数帯域内で複数の周波数の搬送波（サブキャリア）を同時に使用して，通信する多重化技術である．UWB帯域全体を約500MHzのサブバンドに分割（マルチバンド化）し，その各サブバンドはOFDMによる数MHz間隔のサブキャリアで構成される．従来技術の組み合わせによる方式であるが，広い帯域を効率よく利用し，情報伝送の高速化を図っている．仕様のVersion 1.0における通信速度と通信距離の関係は，110Mbpsの場合は11m，200Mbpsの場合は6m，480Mbpsの場合は3mを想定している．消費電力は250mW以下に抑えるとしている．

図 6.9　マルチバンドOFDM方式のスペクトル

6.2.4　低速UWB

低速UWBはセンサネットワークで注目されており，IEEE 802.15.4aとして標準化作業が行われている．IEEE 802.15.4aは，データ通信と高精度の測距機能を同時にサポートしていることが特徴である．UWBは2002年2月にアメリ

---

[*] MBOA（MultiBand OFDM Alliance：IEEE 802.15.TG3aにおける標準化を検討しているアメリカのIntelやTexas Instruments，日本のNEC，松下電器産業，三菱電機，富士通など50社以上が参加する非営利団体）

6.2 UWB (Ultra WideBand)

カのFCCが3.1～10.6GHzにおいて，等価等方放射電力を-41.3dBm/MHz以下として無線局利用を許可した．この3.1～10.6GHzのUWB周波数帯は，5GHz帯の無線LANやU-NII（Unlicensed National Information Infrastructure）帯との干渉を避けるため，3.1～4.9GHzのローバンドと6～10.6GHzのハイバンドに分けられている．表6.3にIEEE 802.15.4aのバンドプランを示す．

表6.3 IEEE 802.15.4aのバンドプラン

チャンネル番号	中心周波数〔MHz〕	周波数帯域幅〔MHz〕
1	3,549	507
2	4,056	507
3	4,563	507
4	4,056	1,352
5	6,489.6	499.2
6	6,988.8	499.2
7	7,488	499.2
8	7,987.2	499.2
9	8,486.4	499.2
10	8,985.6	499.2
11	9,484.8	499.2
12	9,984	499.2
13	6,489.6	1,081.6
14	7,987.2	1,331.2
15	9,484.8	1,355

チャンネル番号1～4（チャンネル番号4はベースラインで合意された1.5GHz周波数帯域幅を用いた高速伝送を意識している）はローバンド用で，チャンネル番号2は必須である．チャンネル番号5～15（チャンネル番号13～15は電波伝播損失を補うために広帯域となっている）はハイバンド用である．通信速度は0.8Mbps（オプションで0.1，3.2，6.4，13，26Mbpsなど）であり，測距（精度は数十cm以下）機能も有している．以下に，低速UWBの機能として注目されている測距，測位の方式について述べる．

(1) TOA（Time Of Arrival）方式

TOA方式とは，無線通信機1と無線通信機2間の距離を電波の到達時間から算出する方式で，IEEE 802.15.4aで標準化が行われている．TOA方式には，図

6.10に示すような無線通信機1から無線通信機2までの電波の到達時間（tp）から距離を算出するTOA-OWR（One Way Ranging）方式と，図6.11に示すような無線通信機1から無線通信機2へ送られた電波の到達時間（tp）と，無線通信機2が受信後，無線通信機2から無線通信機1へ折り返し送信するまでの時間（tr）と，無線通信機2から無線通信機1へ送られた電波の到達時間（tp）の合計時間（$2tp+tr$）から距離を算出するTOA-TWR（Two Way Ranging）方式がある．

図 6.10　TOA-OWR方式

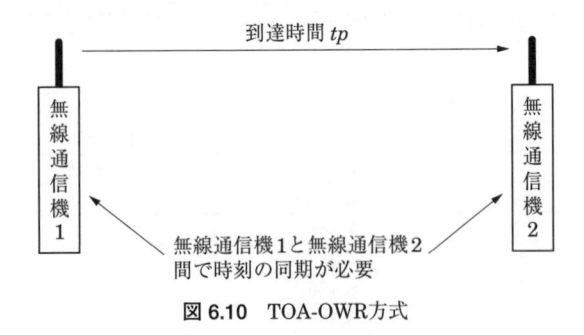

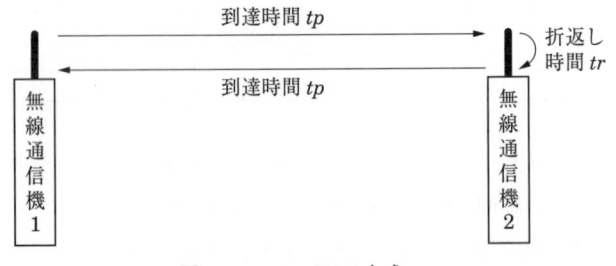

図 6.11　TOA-TWR方式

　TOA-OWR方式は，無線通信機1と無線通信機2間で時刻の同期を行う必要がある．TOA-TWR方式では，この無線機間の時刻同期は不要となるが，折返し時間（tr）は無線通信機2の内部クロック精度や回路形式に依存するため，この折返し時間の誤差は測距誤差に影響する．

(2) TDOA（Time Difference Of Arrival）方式

　図6.12に示すように，送信機からの電波を基準時刻同期制御局によって時刻

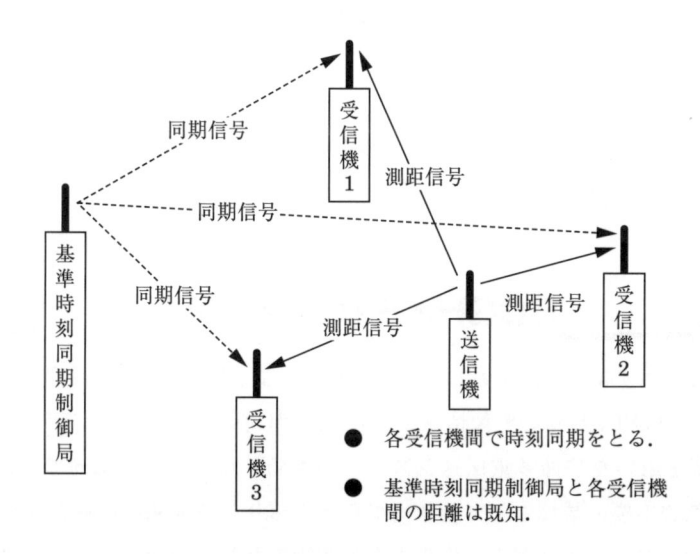

図 6.12 TDOA方式

的な同期がとられた複数の受信機で受信し，その各々の電波到達の時間を計測することにより，三辺測量の原理で送信機の位置を特定するものである．このとき，基準時刻同期制御局から各受信機までの距離は既知なので，そこでの電波到達の遅延時間も既知となり，各受信機の時刻同期は簡単に行うことができる．前述のTOA方式は無線通信機1と無線通信機2間の距離の測定を行う方式であるが，TDOA方式では距離と方位を測定できる．2005年11月時点では，TDOA方式はMAC層での処理が煩雑になるので，IEEE 802.15.4a標準方式の規定としては見送られた．

(3) SSR (Signal Strength Ranging) 方式

送信機から送出される電波の電界強度を受信機で測定し，距離を求める方式であるが，測距精度は低い．IEEE 802.15.4a標準化には提案されていない．

(4) NFER (Near Field Electromagnetic Ranging) 方式

送信機から送出される電波の電界と磁界の位相差を受信機で測定し，距離を求める方式で，アメリカのQ-Track (http://www.q-track.com/) の登録商標であ

る．測距範囲は，送信機から半波長程度までである．IEEE 802.15.4a 標準化には提案されていない．

(5) AOA (Angle Of Arrival) 方式

アレイアンテナを用いて到来方向を特定する測位方式である．IEEE 802.15.4a 標準化には提案されていない．

6.3　60GHzミリ波システム

図6.10に示すような，主として屋内（家庭内など）において地上波，BS，CS 放送，及びCATV放送の映像情報などを受像機に伝送する無線システムとして，ミリ波帯を用いた映像多重伝送システムが開発されている．国内では59～66 GHzが免許不要の帯域として割り当てられており，技術基準に適合した空中線電力が10mW以下の機器が特定小電力無線設備として使用できる．電波法では通信方式，変調方式などを限定せず，周波数の許容偏差など電波監理に最低限必要な項目のみが規定されている．60GHz帯は周波数帯域幅が2.5GHzと広く，通信速度が1Gbpsを超える高速の無線伝送を実現できるので，ハイビジョン映像などを非圧縮で伝送することができ，動きの速い映像でも品質が劣化せず，リアルタイム伝送が可能である．

写真6.1に示すような，壁掛けハイビジョンテレビのケーブルレス化を実現している装置も開発されている．この装置は，映像信号とステレオ音声信号を1Gbpsのディジタル信号に変換し，ASK変調を用いて60GHz帯で伝送する小型ミリ波帯無線機である．受信機を2台使用して空間ダイバーシチ受信を行うと，屋内利用での伝送遮断問題を大幅に回避できる．

6.3 60GHzミリ波システム

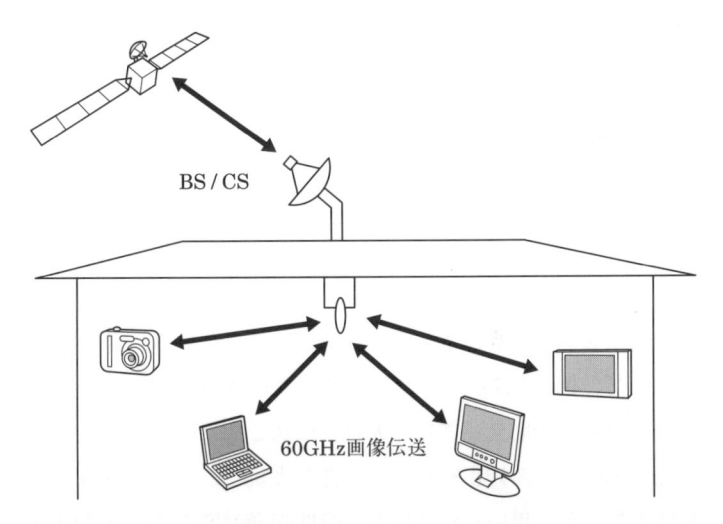

図 6.13 映像多重電送システム

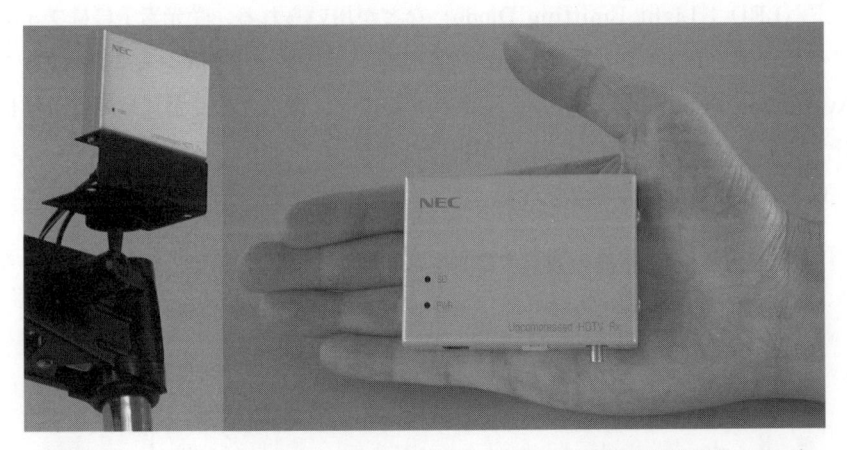

写真 6.1 ハイビジョン映像伝送用60GHz帯トランシーバの開発例（写真提供：NEC）

第7章

空間光通信

　無線通信の急激な発展と共に電波資源は逼迫してきている．そこで，この無線の代替通信として，図7.1に示すように電波よりも波長の短い光を用いた空間通信も検討されている．空間光通信には大容量伝送という利点のほかに，鋭いビーム指向性が他回線への干渉抑止や高い秘匿性を実現し，屋内での端末間通信や屋外でのビル間通信などに用いられている．空間光通信機のブロック図の一例を図7.2に示す．発光素子にはレーザダイオード（LD：Lasar Diode），発光ダイオード（LED：Light Emitting Diode）などが用いられる．受光素子にはフォトダイオード（PD：Photo Diode），アバランシェフォトダイオード（APD：Avalanche Photo Diode），フォトトランジスタ，微弱光の受信には光電子増倍管（フォトマルチプライヤ）などが用いられる．

　以下に空間光通信の特徴を示す．

① 光を用いた至近距離の通信では光をスポット化できるので，無線通信のような電波での漏洩が起こりにくく，セキュリティ面で有利である．

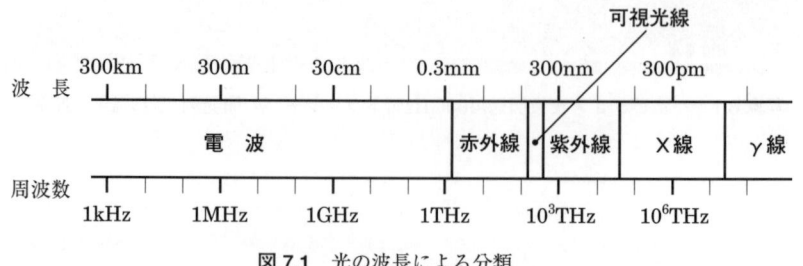

図 7.1　光の波長による分類

第7章 空間光通信

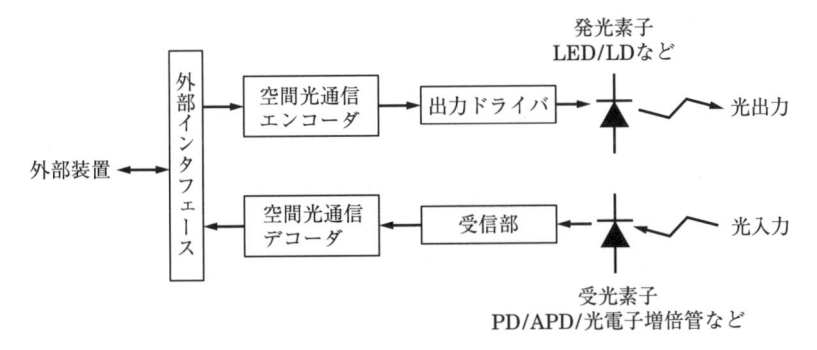

図7.2 空間光通信機のブロック図の一例

② 光は技術的に広帯域通信を容易に行える．UWBのような無線の広帯域通信では，例えば3.1〜10.6GHzの高周波領域での広帯域回路やアンテナを実現するのは難しい．しかし，光の領域での数GHzの帯域は，数百THz帯の光から見ると狭帯域となるので，扱いが簡単になる．

③ 無線回路に比べて回路が簡単で部品の価格が安いので，安価にシステムが構築できる．

④ 空間光通信では波長多重などの多重化技術も考えられるが，光の直進性を利用すると，図7.3に示すように幾何学的に発光素子と受光素子をうまく配置することにより多重化が可能である．例えば，8×8のマトリックス状に発光素子を配置した送信機に対し，8×8のマトリックス状に受光素子を配置した受信機を対応させると，大容量伝送も可能である．情報を複数に分配し，伝送してから受信側で情報を合成するという技術は，大容量伝送を行う第9章で述べるOFDM技術や第10章で述べるMIMO技術に共通する．

⑤ 光は壁があると通過しないということを欠点としているが，光ファイバ，鏡，穴などを用いれば壁を挟んでの通信も可能である．

⑥ 電波を用いるときには電波法の規制があるが，光通信に関しては特に電波法の規制がない．

⑦ 病院や宇宙船内では，精密機器への影響から無線を使用できない場所が存在する．そこに空間光通信を用いることもできる．

⑧ 屋外で空間光通信を用いるとき，光は水蒸気や雨の影響を電波よりも受けやすいという欠点がある．

⑨ 電波が人体に対する影響があるのと同じように，強い光になった場合には，眼球に対してダメージを与える．その点では，スポットビーム的なレーザ光通信では取り扱い上の注意が必要である．

本章では空間光通信について述べる．

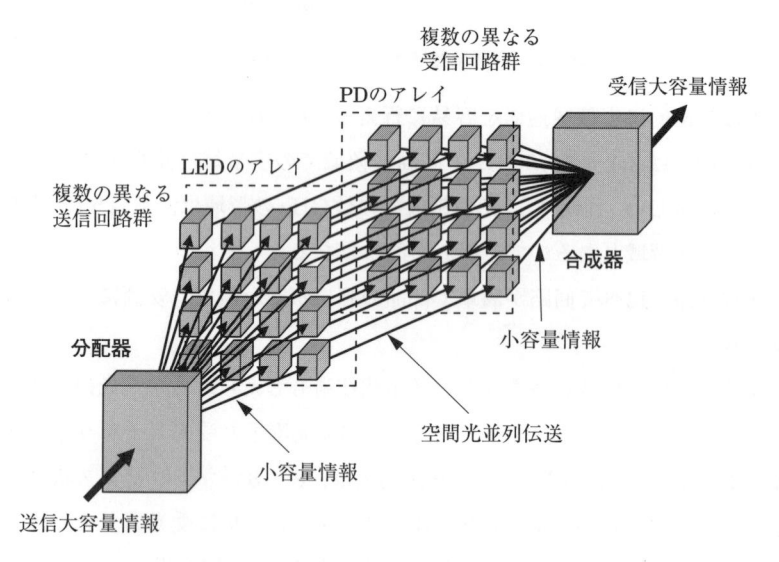

図 7.3 光 MIMO 技術

7.1 赤外線通信

赤外線とは，波長が 0.72〜100μm の目に見えない光である．表 7.1 に示すように，赤外線は波長により近赤外線，中間赤外線，遠赤外線に分類されている．ただし，表 7.1 の波長の数値と赤外線の区分けは，文献によって異なることがある．

現在，PC で用いられている 850〜900nm の近赤外線を用いた赤外線データ通

7.1 赤外線通信

表7.1 赤外線の分類と波長

	赤外線		
	近赤外線	中間赤外線	遠赤外線
波長(μm)	0.7〜1.5	1.5〜4	4〜100

IECの国際電気技術用語集より

信は，IrDA（Infrared Data Association）にてハードウエアとソフトウェアの規格が定められている．IrDAは1993年，Hewlett-Packard，IBM，Microsoft，シャープなどが中心となって設立された，赤外線通信の標準化団体である（http://www.irda.org/）．

ハードウェア規格はIrPHY（IrDA Physical Signaling Layer）という規格で決められており，送受信素子，赤外光，通信速度，通信できる距離などが規定されている．IrPHY規格の通信速度と通信距離の規格を表7.2に示す．IrPHY規格では，通信速度は低速のSIR（115kbps），中速のMIR（1Mbps），高速のFIR（4Mbps），超高速のVFIR（16Mbps）に区分されている．

ソフトウェアの規格（アプリケーションプロトコル）には，IrCOMM（Infrared COMMunications protocol），IrLAN（Infrared LAN access extensions for

表7.2 IrDA規格ごとの通信速度と通信距離

バージョン	通信速度	通信距離
1.0	SIR（115kbps）	1m
1.1	MIR（1Mbps），FIR（4Mbps）	1m
1.2	SIR（115kbps）	30cm/（ローパワー 20cm）
1.3	MIR（1Mbps），FIR（4Mbps）	30cm/（ローパワー 20cm）
1.4	VFIR（16Mbps）	1m

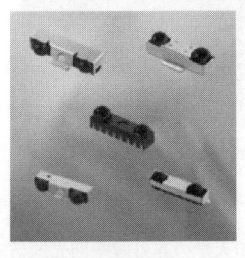

写真7.1 IrDA規格の赤外線伝送モジュール（写真提供：ローム）

link management protocol），IrLPT（Infrared Line PrinTer）などがある．

また，他の規格としては，シャープが開発したASK（IrDAと同じくUARTを用いるが，その入出力信号には500kHzの振幅変調がかけられている），DASK（Digital ASK：ASKとIrDAの自動切替え機能）があり，同社の製品に用いられている．

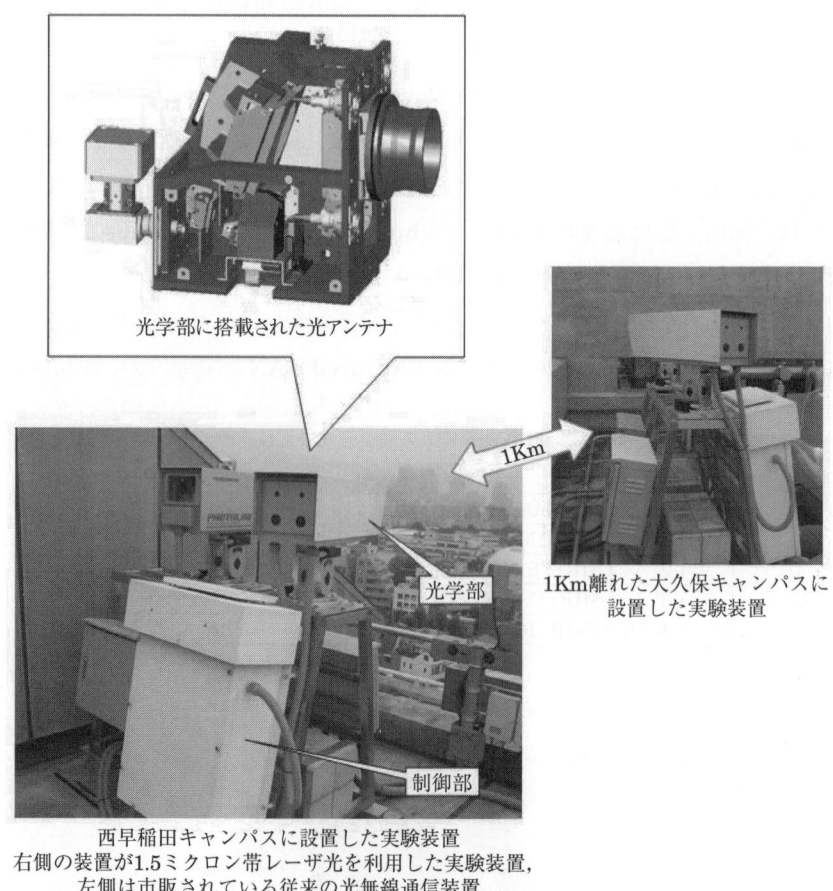

光学部に搭載された光アンテナ

1Km

1Km離れた大久保キャンパスに設置した実験装置

光学部

制御部

西早稲田キャンパスに設置した実験装置
右側の装置が1.5ミクロン帯レーザ光を利用した実験装置，
左側は市販されている従来の光無線通信装置

写真 7.2 NiCTと早稲田大学の赤外線空間光通信実験（写真提供：NiCT）

その他，赤外線を用いた空間光通信機器には，家電品用のワイヤレスリモコン，コードレスヘッドフォンなどがある．

通信速度が高速で長距離の赤外線を用いた空間光通信では，早稲田大学と情報通信研究通信機構（NiCT）の共同研究開発の実験結果が報告されている．2006年1月に，早稲田大学の大久保キャンパスと西早稲田キャンパス間の1kmの区間で，波長1.5μmのレーザ光を用いて通信速度10Gbpsの空間光通信実験を行い，数時間にわたって符号誤り率（BER：Bit Error Rate）が1×10^{-9}以下の結果を得た．

7.2　可視光通信

波長が390〜760nmで，人間の目で色として感じることができる光を可視光という．可視光通信機器を照明器具，信号，電光掲示板，表示装置などに埋め込み，可視光の明るさに強弱をつけることにより通信ができる．2003年11月25日に慶応義塾大学理工学部情報工学科の中川正雄教授を会長として産学協同・可視光通信コンソーシアム（VLCC：Visible Light Communications Consortium）が設立され，日本発の高速な可視光通信システムの研究，開発，企画，標準化を行っている．2005年5月，最初のコンソーシアム規格であるVLCC-STD-001を制定した．

前述の慶應義塾大学の中川正雄教授や春山真一郎教授は，街にあるさまざまな光に情報を乗せるユビキタス可視光通信，照明光通信（写真7.3，7.4），ITS可視光通信（写真7.5），漏洩光ファイバ列車通信，高速並列可視光通信などの研究成果を発表している．

可視光通信には，本章の冒頭で述べた空間光通信の特徴の他に，以下のような特徴もある．

① 照明器具は室内を照らすために，最適な場所に設置されている．それを基地局として，部屋の中にあるいろいろなものに可視光通信端末を設置することに

より，それらとワイヤレス通信を行うことができる．

② 無線の電波は見えない伝送媒体であったが，可視光になると，人間の目で見える．従って，受信機（受光素子）に向けて，人間が目視によりビームを絞り込んだ光を当てることが可能になる．ちょうど射撃ゲームで，的に照準を定め

（写真提供：慶應義塾大学，中川研究所株式会社）
写真 7.3 NTSC-TV画像を可視光伝送

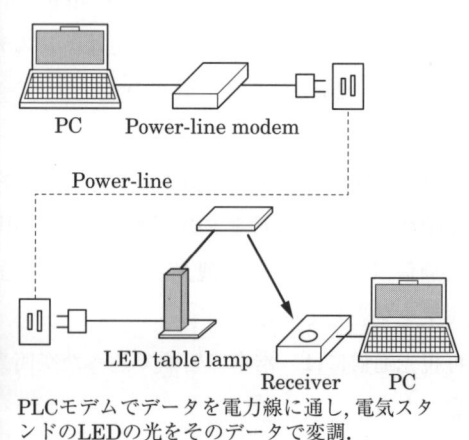

PLCモデムでデータを電力線に通し，電気スタンドのLEDの光をそのデータで変調．

（写真提供：慶應義塾大学，中川研究所株式会社）
写真 7.4 PLCと可視光通信

写真 7.5 ITS可視光通信(写真提供:可視光通信コンソーシアム)

て打つという感覚で扱える.

③ 太陽光の下での通信は,偏光フィルタなどを組み合わせて使用することが可能になる.

④ 色を持つものは,カメラで取り込めばそれも情報となるので,カメラも可視光通信の端末として考えてよいであろう.

VLCCの実験によれば,交通信号機を用いて10m程度の通信が確認されている.また,第5章で述べたDSRCの分野にも可視光通信は応用できる.トンネル内でも,照明機器から位置情報を発することで,カーナビゲーションへの応用も可能となる.この技術は,地下街やビル内での人へのポジショニングサービスにも応用できる.

7.3　可視光・赤外線ハイブリッド空間光通信

　筆者らの属するアンプレット（http://www.amplet.co.jp）はソーバル（http://www.sobal.co.jp）と共同で，赤外線と可視光の各々の長所を生かした光タグへの応用研究を行っている．写真7.6に示すのは，13.56MHz電磁誘導型無線タグ（ISO/IEC 15693）を光通信に置き換えることを目的とした，通信距離が70cm程度で，上り回線が可視光，下り回線が赤外線のハイブリッド空間光通信実験装置である．金属に直接取り付けることが可能で，他の13.56MHz利用機器のある場所や電磁環境の悪い場所でも使用でき，電波法上の法的手続きが不要

写真7.6　可視光・赤外線ハイブリッド空間光通信実験
（写真提供：ソーバル）

な光タグの製品化を目指している．

表7.3にその仕様を示す．

表 7.3 可視光・赤外線ハイブリッド空間光通信実験装置仕様

	上り回線（可視光）	下り回線（赤外線）
波長	450〜650nm	450〜650nm
光学系送信半値角	±15度	±15度
光学系受信半値角	±25度（赤外線PD）	±25度（赤外線PD）
準拠規格	ISO/IEC 15693-3	
通信距離	〜70cm	

第8章

ソフトウェア無線の技術

　ソフトウェア無線はSDR（Software Defined Radio）とも呼ばれる．ソフトウェア無線に対応した無線機とは，1台の無線機でありながら，ソフトウェアを書き換えることにより，いろいろな無線システムに対応できる機能を持った無線機である．従来の無線機は，通信方式ごとに専用の信号処理回路をハードウェアで用意していたため，機能の変更は簡単にはできなかった．一方，ソフトウェア無線では，このハードウェアに依存していた処理の大部分をソフトウェアで行うことができる．

　ソフトウェア無線は，陸軍，海軍，空軍で使用していた異なる無線通信機を一つにまとめようと，1994年にアメリカで開発された「Speakeasy」が起源といわれている．その後，ソフトウェア無線の標準化を目指してSDRフォーラムが設立された．このフォーラムでは，ソフトウェア無線機の構成を無線回路部，変復調（モデム）部，セキュリティ部，プロトコル部，制御部とマン・マシン・インタフェース部に分けて階層化し，それぞれの階層間での情報のやりとりについて標準化を行っている．

　今後，ユビキタスネットワークでシームレスな無線接続が必要になると，ソフトウェア無線の技術は必須になるであろう．本章では，ソフトウェア無線の概要について述べる．

8.1　ソフトウェア無線

　従来の無線通信は，通信システムごとに回路（ハードウェア）で構成された無

線通信機器を用いて行われていた．しかし，無線システムの多様化により，新しいシステムが出てくるたびに，それに対応した無線通信機に交換していくのは，経済的とはいえない．また，それぞれの通信システムごとに個別に無線通信機を持つのも面倒である．ここで登場したのがソフトウェア無線の技術である．

ソフトウェア無線機は図8.1に示すように，汎用的な高周波回路（低雑音増幅器，周波数変換回路，周波数シンセサイザ，励振増幅器，電力増幅器，アンテナ切換回路などのアナログ回路）とディジタル信号処理回路，その間に入るA/D変換器（Analog to Digital Converter）とD/A変換器（Digital to Analog Converter），そして外部インタフェース回路とそれらの回路を制御するソフトウェア無線機制御回路から構成されている．個々の無線システムの方式に依存していた信号の生成，変復調，ベースバンドディジタル信号処理機能，複数のリンク層プロトコル，セキュリティおよび暗号化などの信号処理の大部分は，ディジタル信号処理回路にてソフトウェアによる演算で行う．このソフトウェアを書き換えることと，広帯域またはマルチバンドの高周波回路とアンテナを組み合わせることにより，他の無線システムに対応させることができる．この技術を用いると，携帯電話，無線LAN，広帯域移動無線アクセスなどに対応した万能端末を実現できる．ソフトウェア無線機の利点を以下に挙げる．

① 低コスト：これまでハードウェアで実現してきた回路をソフトウェアで実現するので，低コスト化が図れる．

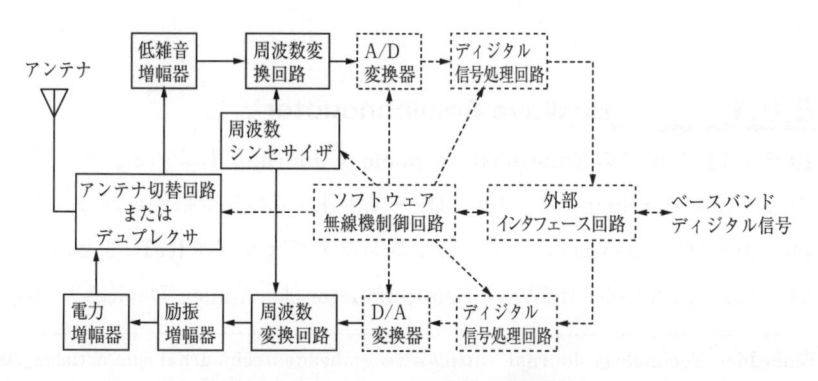

図 8.1 ソフトウェア無線機の内部構造

② アップグレードが容易：ネットワークを介して，ソフトウェアのアップグレードが可能である．
③ 無線機の規格に合わせて，ユーザ所有の無線機に迅速に対応できる．

　実用的なソフトウェア無線機を実現するためには，信号処理回路の高速化，小型化，低消費電力化，広い周波数範囲に対応できる高周波回路，広帯域アンテナなどが技術的な開発課題となる．

　ソフトウェア無線機は，ソフトウェアの書き換えで他の無線システムに対応できるが，日本では無線機は法的に，それを使用する前に型式認定を得る必要がある．使用条件を自由にソフトウェアで書き換えることができるソフトウェア無線機を電波法上どのように今後扱うのか，また，無線方式に付随する知的財産に対してどのように対処していくかなど，早急に検討する必要がある．

8.2　リコンフィギュラブル無線

　無線通信機が送受信する周波数や通過帯域幅を自在に切り替えることのできる，再構成可能な無線回路を「リコンフィギュラブル（Reconfigurable）」な回路という．この技術を用いると，さまざまな方式の無線サービスに対応する無線通信機が実現できる．リコンフィギュラブル無線用ICは，数社から製品化のアナウンスがされており，近い将来，このICを搭載した無線機が市場に出てくるであろう．

8.2.1　BitWave Semiconductor

　2005年11月29日のEmbedded Technology Journal[*]によると，アメリカのBitWave Semiconductorは，700MHz～4.2GHzでの送受信が可能で，通過帯域幅は200kHz～20MHzに対応するリコンフィギュラブルRFICを2005年11月21日に発表している．BitWave Semiconductorは，Analog DevicesやDelphi

---

[*] Embedded Technology Journal（http://www.embeddedtechjournal.com/articles_2005/20051129_radio.htm）

Communications Systemsなどで高周波回路の設計に携わった技術者らが，2003年に設立したベンチャー企業である．このリコンフィギュラブルRFICは，MIT（Massachusetts Institute of Technology：マサチューセッツ工科大学）と共同で開発された．図8.2にリコンフィギュラブルRFICのブロック図を示す．このICを搭載すれば，移動端末の送受信周波数や帯域幅が変更でき，新たな通信方式に対してもハードウェアを変更せずに，ソフトウェアのアップグレードで対応できる．BitWave Semiconductorでは，このような無線機を「Softranceiver」と呼んでいる．

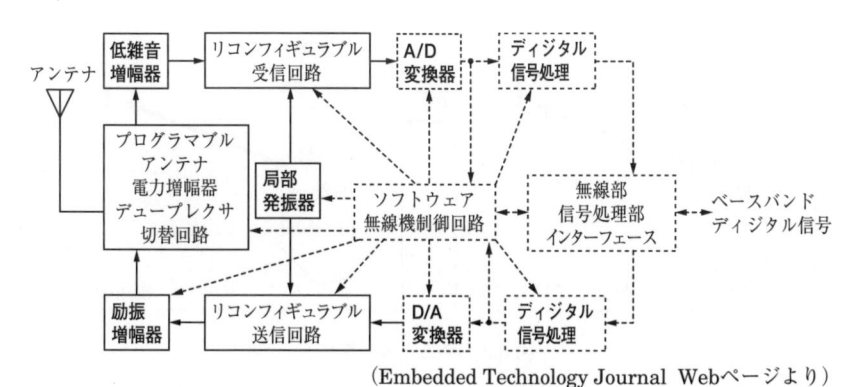

図 8.2　BitWave Semiconductorの
　　　　リコンフィギュラブルRFICのブロック図

8.3　コグニティブ無線

逼迫した電波を有効に活用しようということで，最近,コグニティブ（Cognitive）無線という言葉を耳にするようになった．コグニティブ無線とは，無線機が周囲の電波環境を認識（= Cognitive）し，その電波環境に適応した周波数，周波数帯域幅，変調方式，多重化方式，送信出力などを無線機が自ら選択して，周波数の利用効率を高めようというシステムである．

現時点ではコグニティブ無線の具体的な定義は明確ではないが，時間，周波数，

空間の三つの資源を，複数の無線通信システムで適応的に，より有効に利用することを目的としている．

①**時間**：ある時刻において使用しない周波数帯を，別の無線システムが利用する（図8.3）．
②**周波数**：その地域で使われていない周波数を，別の無線システムが自ら探し出

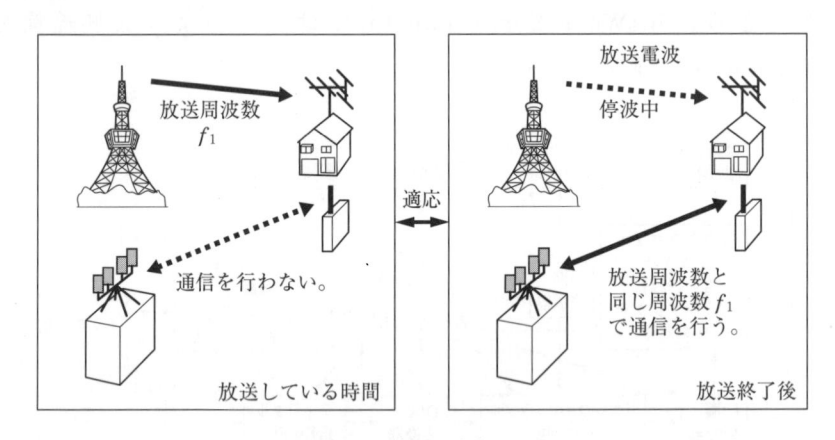

図 8.3 時間で適応させる

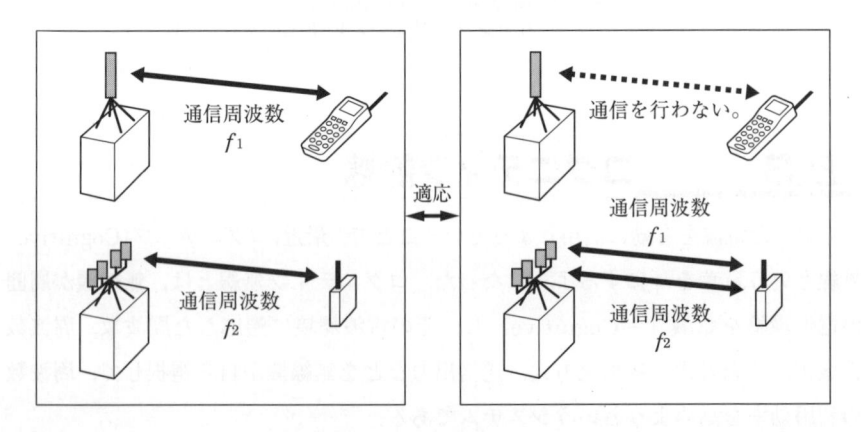

図 8.4 周波数で適応させる

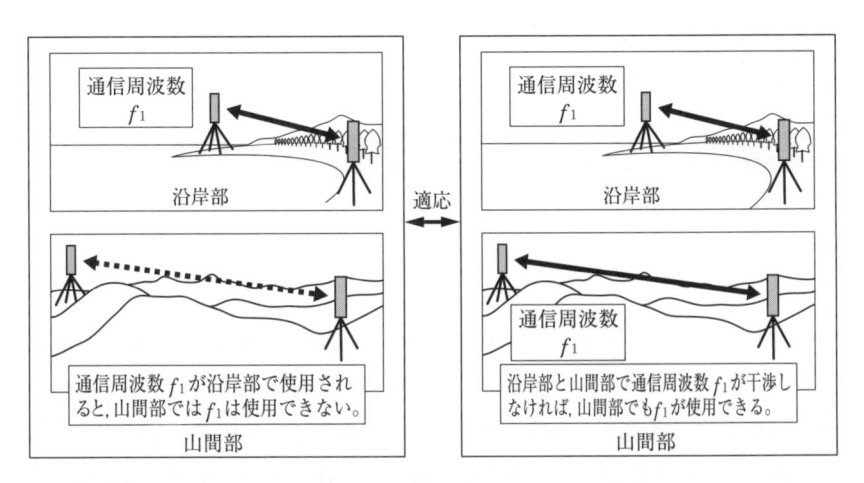

図 8.5 空間で適応させる

して利用する（図 8.4）．

③ **空間**：遠く離れた地域Aと地域Bで，同一の周波数帯を別の通信システムで利用する（図 8.5）．

ソフトウェア無線やリコンフィギュラブル無線の技術を用いてコグニティブ無線が実現すれば，使われていない周波数を見つけ，その周波数に自動的にシフトして通信を始めることもでき，無線スペクトルの有効利用が図れる．

第9章

変復調・多重化・多元接続の技術

ワイヤレスブロードバンドシステムの情報の伝達は，電波を媒体とした無線通信で行われる．すなわち，空間を伝わる電波という媒体に情報をのせて，相手に情報を伝送する．電波という媒体に情報をのせることを「変調」といい，変調された電波から情報を抽出することを「復調」という．また，無線通信では，同一空間で多くの無線システムが稼働している．同一システムでも，その空間の電波資源を効率よく利用するために，多重化や多元接続の技術が必須である．

9.1　変復調

現在の無線通信機には，ディジタルによる変復調技術が多く使われている．ワイヤレスブロードバンドでも，高速大容量データ伝送を実現するために，このディジタル変復調技術が主要な部分に多く用いられている．アナログ情報でもディジタル情報でも，キャリア（搬送波）を変調するということは，振幅，周波数，位相の三つの状態を変化させることである．

電波は，波動方程式(9.1)で表される．

$$x(t) = a(t)\cos(\omega_c t + \phi) \tag{9.1}$$

ここで，

$$\begin{cases} a(t): 振幅 \\ \omega_c: 角周波数 \\ \phi: 位相 \end{cases}$$

を表す．

9.1 変復調

キャリアに情報をのせるには，この$a(t)$，ω_c，またはϕを変化させる．先に述べたように，この操作が変調である．伝送するキャリアにアナログ情報で変調をかけたものをアナログ変調，ディジタル情報で変調をかけたものをディジタル変調という．

アナログ変調方式では，$a(t)$に変調をかけることを振幅変調（Amplitude Modulation：AM），ω_cに変調をかけることを周波数変調（Frequency Modulation：FM），ϕに変調をかけることを位相変調（Phase Modulation：PM）という．

一方のディジタル変調方式では，$a(t)$に変調をかけることをASK(Amplitude Shift Keying)，ω_cに変調をかけることをFSK（Frequency Shift Keying），ϕに変調をかけることをPSK（Phase Shift Keying）という．これらを表9.1に整理する．

表9.1 変調方式

	アナログ変調方式	ディジタル変調方式
振幅変調	AM (Amplitude Modulation)	ASK (Amplitude Shift Keying)
周波数変調	FM (Frequency Modulation)	FSK (Frequency Shift Keying)
位相変調	PM (Phase Modulation)	PSK (Phase Shift Keying)

伝送したい情報をディジタル化すると，回線がある一定以上の品質が保てれば情報の劣化はほとんど起こらない．また，誤り訂正，情報の圧縮，多重化，暗号化など，情報自体の信号処理が可能である．

ディジタル情報において，2値が伝送できれば1ビット，4値が伝送できれば2ビット，8値が伝送できれば3ビット…というように，同時に複数ビットの情報を送る技術を多値変調という．そこで，以下にディジタル変調方式とそれぞれの多値変調方式の例を説明する．

9.1.1　ASK（Amplitude Shift Keying）

　図9.1にASKの概念を示す．キャリア（搬送波）の振幅を入力ディジタル情報に対応して変化させる．すなわち，キャリアを送ったり送らなかったりすることで情報の伝送を行うシンプルな変調方式である．このことから，On-Off-Keying（OOK）とも呼ばれる．

　式(9.2)のように，ASKでは，キャリア $f_c = \cos(\omega t)$ にディジタル情報の $a(t)$ を乗算する．

$$x(t) = a(t)\cos(\omega t) \tag{9.2}$$

ここで，$a(t)$ は"0"または"1"の2値を表し，ディジタル情報に応じて空間にキャリアが有るか無いかのどちらかの状況を作り出す．振幅に情報が含まれるため，復調では包絡線検波を用いることが可能である．しかし，ASKはフェージングの影響を受けやすい．

　図9.2に示すように，ASKにおいては振幅のレベルを変えることによって，多値の情報の伝送が可能となる．振幅のレベルは帯域幅に影響しないので，伝送帯

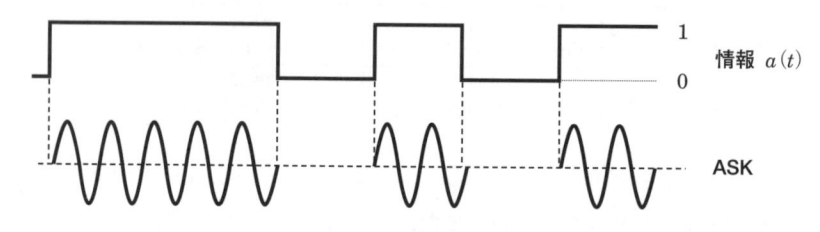

図 9.1　ASK変調の概念

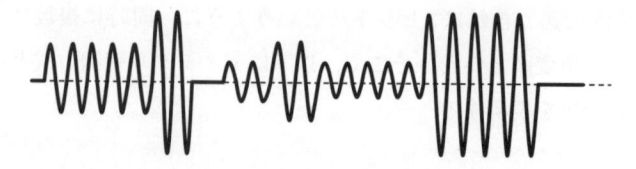

4値ASK

図 9.2　多値ASK

域幅を変えずに情報伝送速度を上げて，周波数利用効率を上げることは可能である．また，受信（復調）においても包絡線の歪みがおこると，包絡線検波の際には情報再生誤りが多くなる．図9.2は，4値（2ビット）の変調の例である．2値（1ビット）ASKでも，完全なキャリアの有る無し（100％ASK）ではなく，キャリアを途絶えさせずにその振幅の変化で情報を送ることもある．

9.1.2　FSK（Frequency Shift Keying）

図9.3にFSKの概念を示す．周波数の異なるキャリアをディジタル情報の2値によって切り替えたASKの変調信号の合成と考えてもよい．

周波数の変化を情報として伝送するので，振幅には情報がない．従って，レベル変動や雑音に強いのもFSKの特徴である．

二つのキャリア $f_1 = \cos(\omega_1 t)$, $f_2 = \cos(\omega_2 t)$ を2値のディジタル情報 $a(t)$ と $\overline{a(t)}$ に応じて切り替える．これを式で表すと，

$$x(t) = a(t)\cos(\omega_1 t) + \overline{a(t)}\cos(\omega_2 t) \tag{9.3}$$

となる．ここで $a(t)$ は，

$$\begin{cases} a(t) = 1 \text{ のとき,} & \overline{a(t)} = 0 \\ a(t) = 0 \text{ のとき,} & \overline{a(t)} = 1 \end{cases}$$

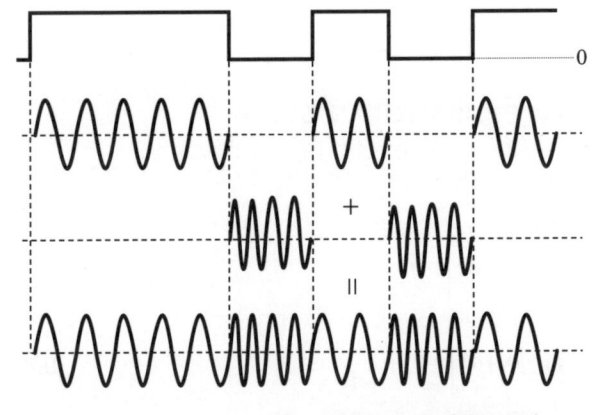

図9.3　FSK変調の概念

4値FSK

図 9.4 多値 FSK

となる．

また，図9.4に示すように，周波数を複数に変えることによって，多値の情報の伝送が可能となる．帯域幅は多値の量に比例して大きくなるが，送信電力は一定であるので，帯域よりも電力に制約がある場合には適している．図は，4値（2ビット）の変調の例である．

FSKは非線形変調なので，スペクトルが広がる性質がある．FSK変調を行うときに個別の発振器を切り替えることを考えると，以下の式に示すように，個々の情報によって周波数が偏移する．

$$\begin{cases} x_1(t) = \cos(\omega_1 t + \phi_1) \\ x_2(t) = \cos(\omega_2 t + \phi_2) \end{cases} \tag{9.4}$$

ここで，ϕ_1, ϕ_2 は各々の位相とする．

$x_1(t)$ と $x_2(t)$ が識別できる条件は，

$$\int_0^T \{x_1(t) \times x_2(t)\} dt = 0 \tag{9.5}$$

のときである．ここで，式(9.4)を式(9.5)に代入すると，

$$\int_0^T \{x_1(t) \times x_2(t)\} dt$$
$$= \frac{1}{2}\left[\int_0^T \cos\{(\omega_1 + \omega_2)t + \phi_1 + \phi_2\} dt\right]$$
$$+ \frac{1}{2}\left[\int_0^T \cos\{(\omega_1 - \omega_2)t + \phi_1 - \phi_2\} dt\right] = 0 \tag{9.6}$$

が得られる．直交性を得るためには，式(9.6)の第2項を0とする．

一つの発振器の周波数を変化させることによって，位相を常に連続して変化させる方法，すなわち位相連続FSK（CPFSK : Continuous Phase FSK）を考えたときに，積分開始時$t=0$では$\phi_1=\phi_2$となるので，直交条件は，

$$(\omega_1 - \omega_2)T = 2\pi(f_1 - f_2)T = n\pi, \quad n:任意の整数 \tag{9.7}$$

となる．これを満足する最も小さな周波数差は，

$$(f_1 - f_2)T = 0.5 \tag{9.8}$$

である．この位相連続FSKで，変調指数が0.5のものをMSK（Minimum Shift Keying）という．ここで，帯域外の電力を抑えるために，ガウス分布関数のスペクトルにフィルタでベースバンド信号を波形整形した符号列で変調するものを，GMSK（Gauβian filtered Minimum Shift Keying）という．

9.1.3　PSK（Phase Shift Keying）

図9.5にPSKの概念を示す．位相の異なる同じ周波数のキャリアを，2値のディジタル情報によって切り替えたASKの変調信号合成と考えてもよい．

電力・周波数利用効率，ともにASKやFSKより優れ，同じC/N比（Carrier to Noise Ratio）に対する符号誤り率が小さいという特徴を持つ．さらにFSKと同様に，包絡線が一定で振幅には情報がないので，レベル変動に強いのが特徴である．復調方式としては同期検波，または遅延検波が用いられる．遅延検波は，1シンボル前の受信PSK信号を基準波とみなし，復調信号を得る方法である．

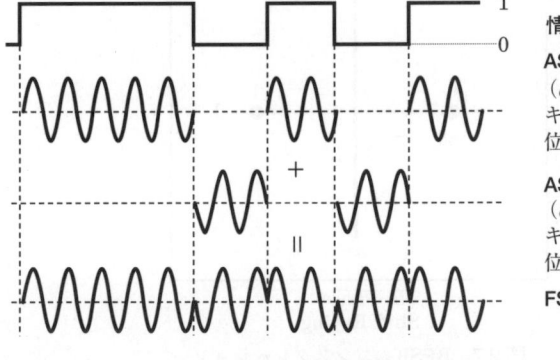

図 9.5　PSK変調の概念

(1) BPSK

ディジタル情報$a(t)$に応じて，キャリア$f_c = \cos(\omega t)$の位相を変化させる．これは式(9.9)及び図9.6に示すように，キャリアf_cに2値のディジタル情報$a(t) = +1$を乗ずるか，$a(t) = -1$を乗ずるかで，キャリアの位相を0°，180°に2相位相変調した信号$x(t)$が得られる．PSKの基本である2値(0°/180°)のPSKは，BPSK（Bi-Phase Shift Keying）と呼ばれる．このBPSKのコンスタレーションを図9.7に示す．

$$x(t) = a(t)f_c = a(t)\cos(\omega t) \tag{9.9}$$

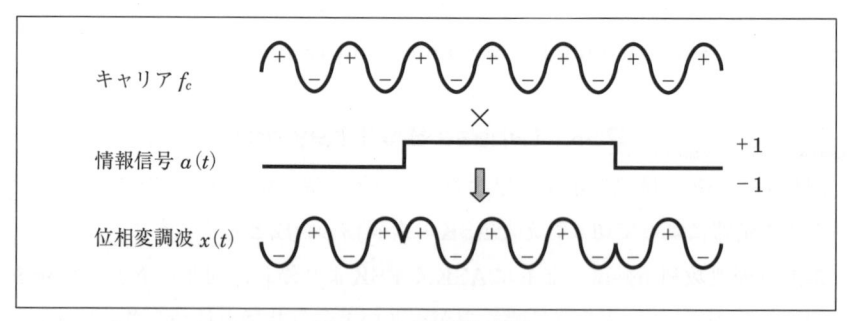

図9.6 PSK変調の概念

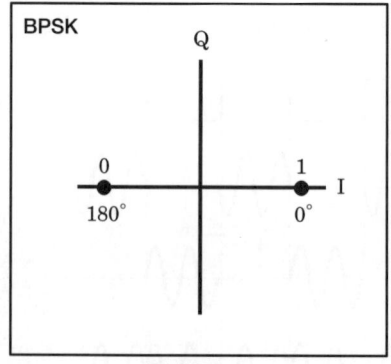

図9.7 BPSKのコンスタレーション

(2) QPSK

4値（0°/90°/180°/270°）のPSKはQPSK（Quadrature Phase Shift Keying：直交PSK）といい，2ビット情報の伝送ではよく用いられる．図9.8にQPSKの概要を示す．QPSKは，位相面をPSK(I)とPSK(Q)のように直交させ，相関がない二つのBPSK信号の(I)と(Q)を合成することによって得られる．図9.9にQPSKのコンスタレーションを示す．0°と90°の位相関係にあるキャリアの各々に，独立した2種類の情報(I)と情報(Q)で2相位相変調し，その信号を合成することによってQPSK変調信号を得ることができる．

QPSKを扱うアナログ部の増幅器には，振幅が変動するので良好な線形性が要求される．そこで，二つの情報(I)と(Q)のベースバンド情報の位相を90°ずらして包絡線の振幅が0にならないように工夫し，アナログ部の増幅器の負担を軽くした$\pi/4$シフトQPSK（π-fourth Shift QPSK）も提案されている．

図9.10にPSK復調の原理を示す．位相変調信号と再生キャリアが図中の太い破線の上側に示すような位相関係にあるとき，位相変調信号と再生キャリアの極性を+/−で表すと，同符号の乗算結果は「+」，異符号の乗算結果は「−」になることから，再生情報が得られることがわかる．しかし，再生キャリアの位相が

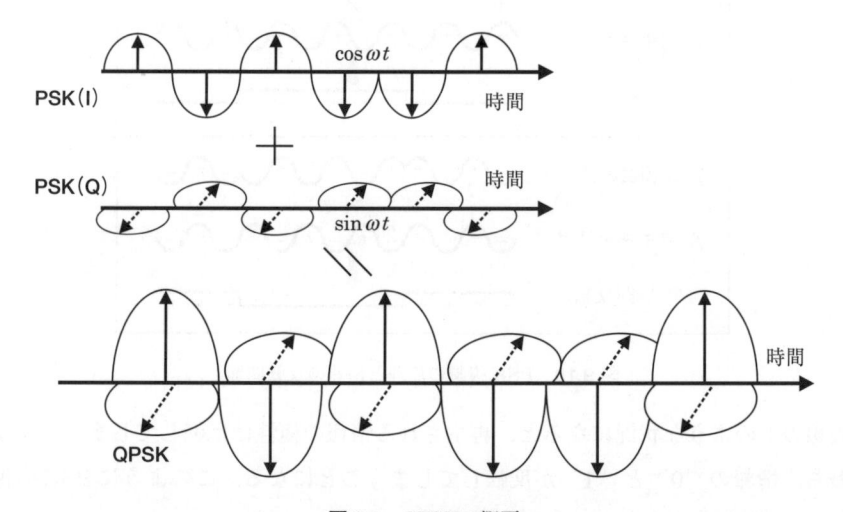

図9.8 QPSKの概要

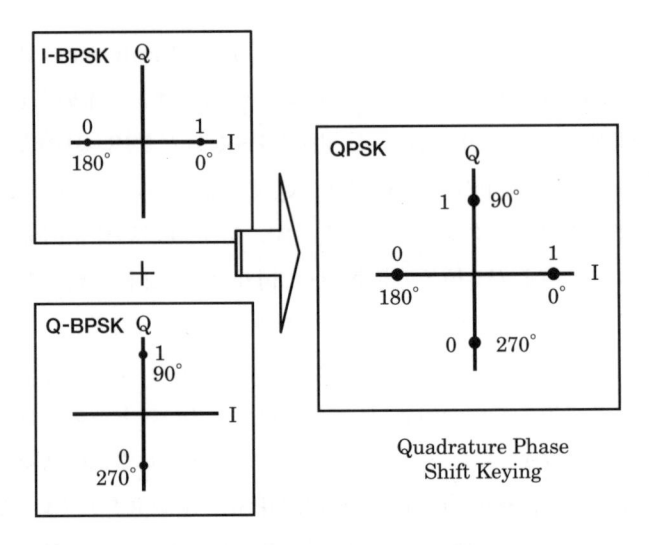

図 9.9 QPSKのコンスタレーション

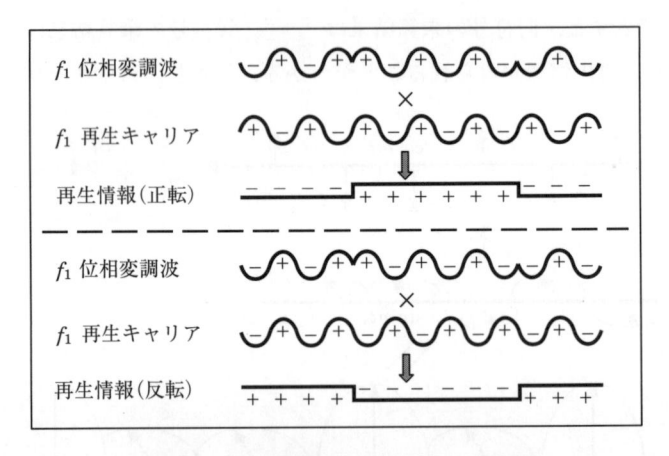

図 9.10 PSK復調の原理と情報の反転問題

破線の下のような状況になると，再生される情報の極性は反転してしまう．すなわち，情報の"0"と"1"が反転してしまうことになる．このようにPSKの復調では，情報が反転してしまう問題点がある．

そこで，図9.11に示すような，変調方式に工夫をこらしたDPSK（Differential Bi-Phase Shift Keying）が考案されている．これは，従来のBPSK(Bi-Phase Shift Keying：BPSK) が情報の"0"と"1"を位相の"0°"と"180°"に割り当てているのに対し，DPSKは情報が"0"のときは位相を変化させず，情報が"1"のときに位相を変化させるという方法である．

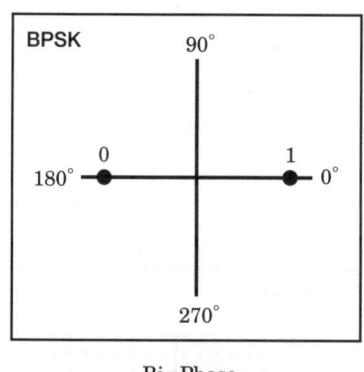

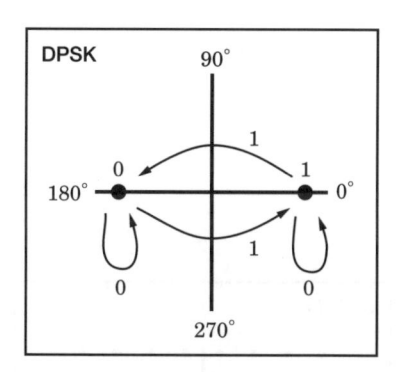

図 9.11　BPSKとDPSK

9.1.4　QAM（Quadrature Amplitude Modulation）

ASKとPSKの融合の多値変調方式である直交振幅変調（QAM）は，直交する二つのキャリアを用い，さらに位相と振幅を変化させることで，より多くの情報を一つのキャリアで送ることができる．一つのキャリアで多くのディジタル情報を伝送できることから，効率が非常に良いが，信号間の距離が短くなるので，他の位相変調方式と同じ符号誤り率を得るためには高いC/N（キャリア対雑音）比が要求される．しかし，限られた帯域幅で効率よくデータを伝送する点では優れている方式である．

移動通信では4ビット情報伝送の16QAM，（図9.12）CATVで用いられている6ビット情報伝送の64QAM（図9.13），固定局間通信の8ビット情報伝送の256QAM（図9.14）などが実用化されている．ワイヤレスブロードバンドでも，

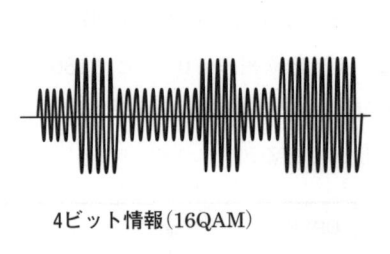

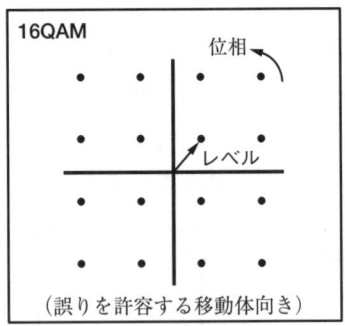

図 9.12　16QAM

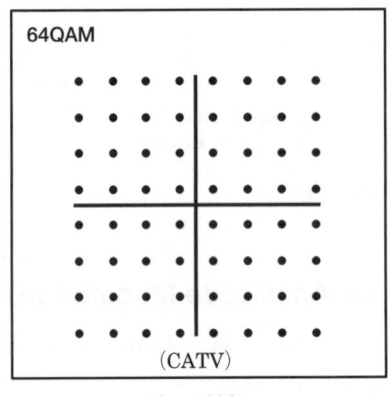

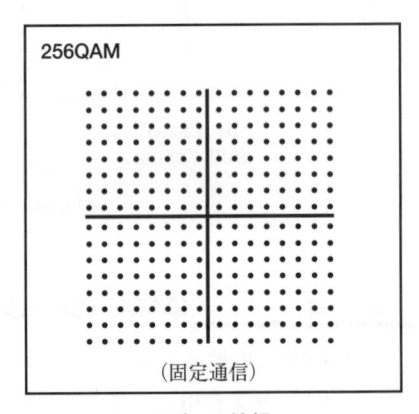

図 9.13　64QAM　　　　**図 9.14**　256QAM

伝播状況が良いときに用いられる変調方式である．

9.2　単方向と双方向通信

　通信には単方向と双方向の通信がある．テレビやラジオの放送は単方向通信である．電話のようにお互いが通信を行うものは双方向通信である．

9.2 単方向と双方向通信

双方向通信でも，図9.15に示すように，情報の送り手と受け手がその時々によって入れ替わる通信（時間ごとに見ると単方向通信となっているもの）を単信（Simplex），情報の送り手と受け手の区別がなく，お互いに情報の送り手兼受け手となる通信を複信（Duplex）という．

複信では送り手と受け手の区別がない情報を分離する方法として，図9.16に示すように，情報の受け手と送り手が同時にそれぞれ異なる周波数で通信する周波数分割複信（Frequency Division Duplex：FDD）と，図9.17に示すような，同じ周波数で情報の受け手と送り手が時間を分割し，お互いに送受信を切り替える時分割複信（Time Division Duplex：TDD）がある．

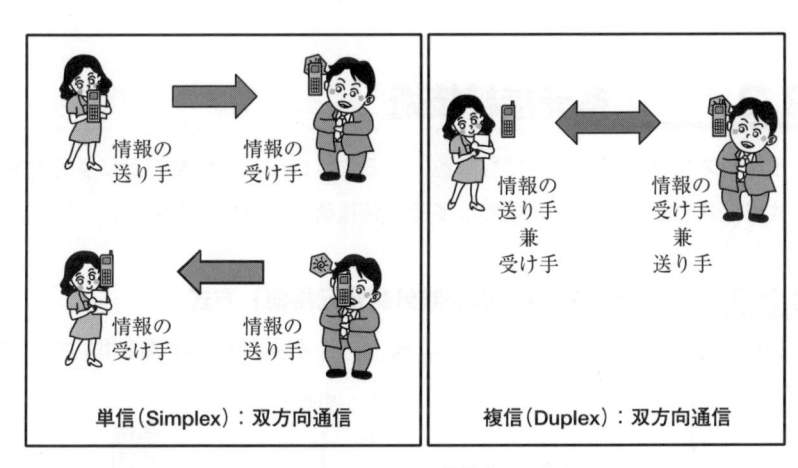

図 9.15 単信と複信

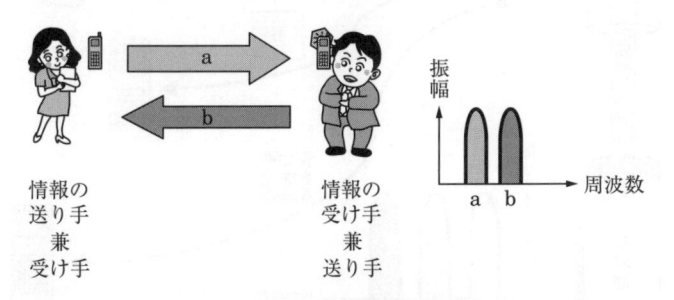

図 9.16 周波数分割複信（FDD）

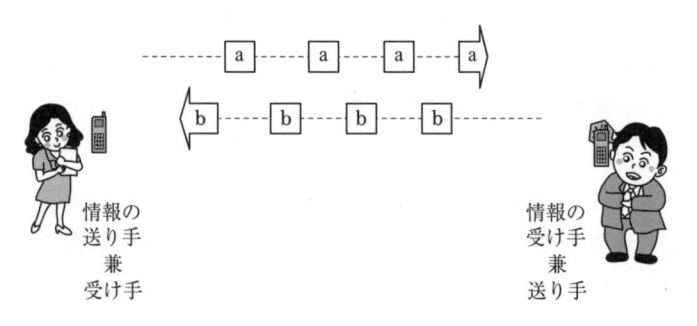

図 9.17 時分割複信(TDD)

9.3 多元接続技術

ワイヤレスブロードバンドでも課題となるのは，同じ空間をいかに多くの無線局が共用できるかである．本項では多元接続技術について説明する．

9.3.1 FDMA（周波数分割多元接続）方式

図9.18に示すように，各ユーザ（a，b，c…）が異なる周波数を用いて，同じ

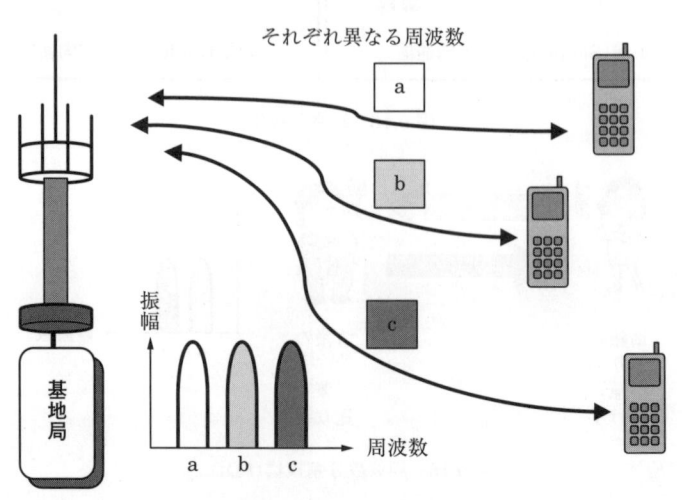

図 9.18 周波数分割多元接続(FDMA)方式

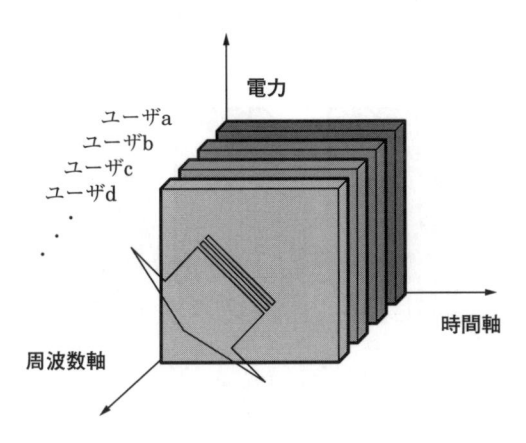

図 9.19 時間軸,電力,周波数軸で見た FDMA 方式

空間で複数のユーザが使用できるようにした方式を,周波数分割多元接続(FDMA:Frequency Division Multiple Access)方式という.この方式は図9.19に示すように,時間軸,電力,周波数軸の中の周波数軸方向で多重化を行う.

9.3.2　TDMA(時分割多元接続)方式

図9.20に示すように,同じ周波数を使用するユーザ(a,b,c…)の各々が,

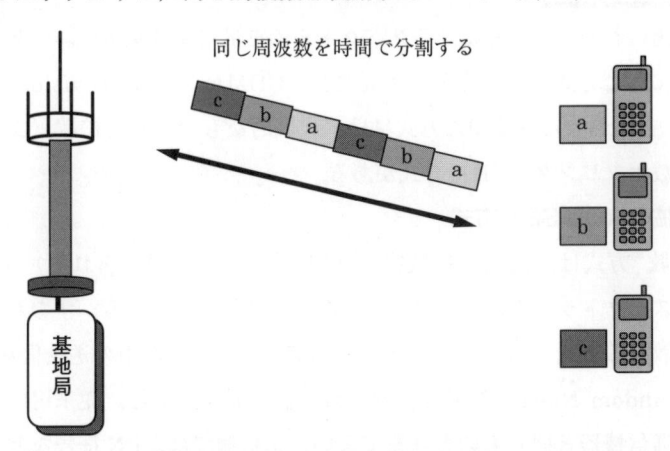

図 9.20 時分割多元接続(TDMA)方式

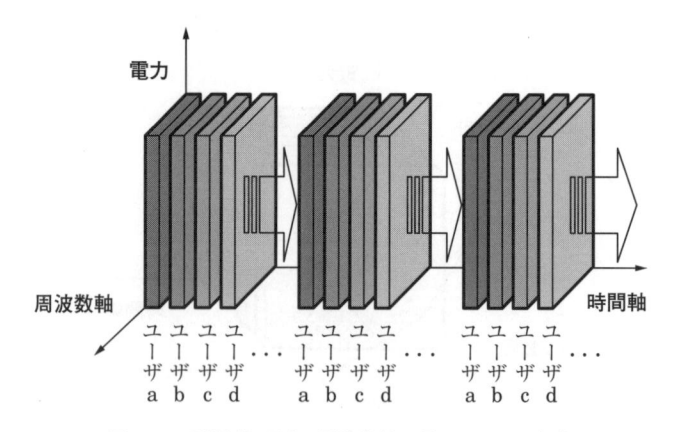

図 9.21 時間軸, 電力, 周波数軸で見た TDMA 方式

時間を分割して, 同じ空間で複数のユーザが使用できるようにした方式を時分割多元接続 (TDMA: Time Division Multiple Access) 方式という. この方式は図 9.21 に示すように, 時間軸, 電力, 周波数軸の中の時間軸方向で多重化を行う.

9.3.3　CDMA (符号分割多元接続) 方式

同じ空間において, 符号によるスペクトルの拡散により複数のユーザが運用できるようにした方式を, 符号分割多元接続 (CDMA: Code Division Multiple Access) 方式という. CDMA 方式には, 代表的なものに直接拡散 (DS-SS) 方式と周波数ホッピング (FH) 方式がある.

(1) 直接拡散 (DS-SS) 方式

直接拡散*方式は, 高速な拡散符号 (PN 符号などが用いられる) を用いて, 元の信号スペクトラムをより広い帯域に広げて情報を伝送する. すなわち, 信号を直接拡散する方式である. 図 9.22 にその概要を示す. 図中の送受信双方の PN (Pseudorandom Noise) 符号発生器と乗算器を取り除くと, 従来用いられている狭帯域通信機と同じものと考えてよい. 送信側では, PN 符号などの広い帯

---
*直接拡散 (DS-SS: Direct Sequence Spread Spectrum)

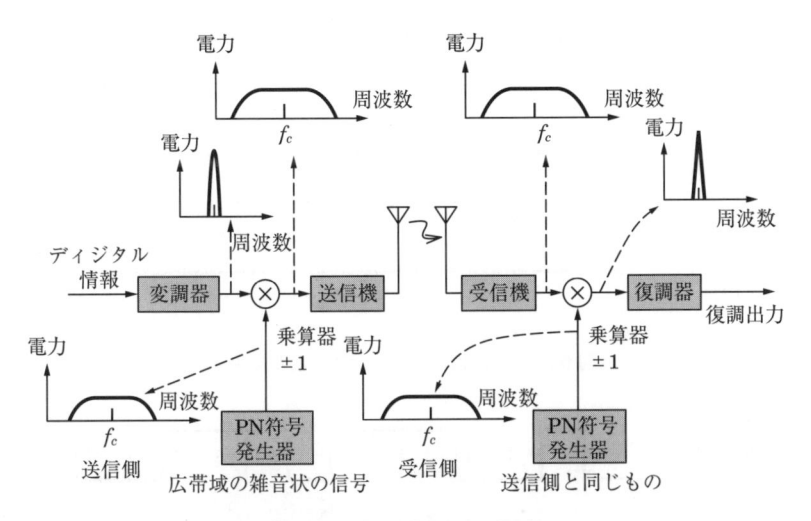

図 9.22 直接拡散方式の概要

域を有する符号をこの狭帯域通信に乗算することにより，広い帯域を有する信号に変換（拡散）し，送信機から送出する．受信機では，送信側で乗算したPN符号と同じPN符号で同期を取りながら乗算することにより，送信側から送られた狭帯域の通信を再生（逆拡散）し，復調器で情報の再生を行う．

ここで，PN符号の乗算について説明する．PN符号はディジタル回路で作成する．これは，"0"と"1"の2値を乱数的に発生させる回路で，M系列発生回路や2台のM系列発生回路出力を加算するGold符号発生回路などがよく用いられる．ここでは説明のために，2値のディジタル情報について"0"を"−1"，"1"を"+1"と表現する．

図9.23の1段目は送信側で拡散に用いられるPN符号PN1，2段目は受信側で逆拡散に用いるためのもので，送信側と同じ位相関係で同じ符号系列を有するPN符号PN1，3段目はそのPN1同士の乗算の結果である．この図からもわかるように，同じPN符号を同じ位相関係で乗算した結果は常に+1となり，送受信ともにPN符号発生器と乗算器の演算結果は，「×(+1)」，すなわち図9.22における送信側及び受信側双方のPN符号発生器と乗算器をスルーにしたものと等価になる．

図9.24の1段目は送信側で拡散に用いられるPN符号PN1，2段目は受信側で

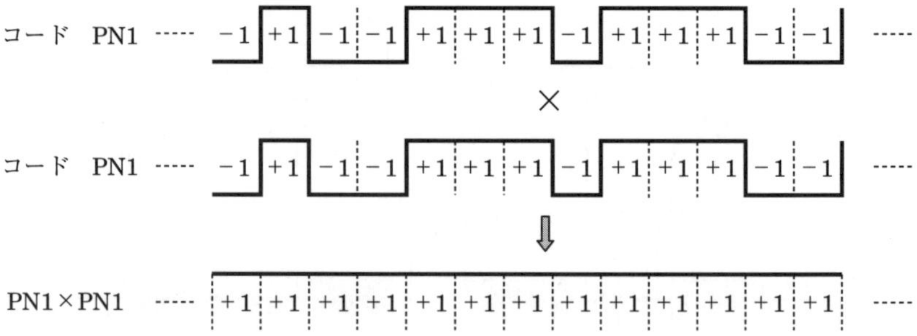

コード PN1 ····· −1 +1 −1 −1 +1 +1 +1 −1 +1 +1 +1 −1 −1 ·····

×

コード PN1 ····· −1 +1 −1 −1 +1 +1 +1 −1 +1 +1 +1 −1 −1 ·····

⇓

PN1×PN1 ····· +1 +1 +1 +1 +1 +1 +1 +1 +1 +1 +1 +1 +1 ·····

図 9.23 同位相のPN1×PN1の演算結果

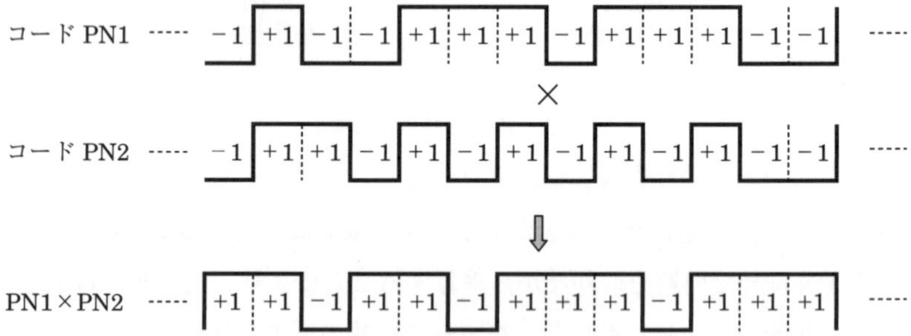

コード PN1 ····· −1 +1 −1 −1 +1 +1 +1 −1 +1 +1 +1 −1 −1 ·····

×

コード PN2 ····· −1 +1 +1 −1 +1 −1 −1 +1 +1 +1 −1 +1 −1 ·····

⇓

PN1×PN2 ····· +1 +1 −1 +1 +1 −1 −1 +1 +1 +1 −1 −1 +1 ·····

図 9.24 PN1×PN2の演算結果

逆拡散に用いるためのもので，送信側と異なる符号系列を有するPN符号PN2，3段目はそのPN1 × PN2の乗算結果である．この図からわかるように，異なるPN符号を乗算した結果は別のPN符号となる．従って，受信側の復調器の入力は雑音と等価となり，情報の再生は行われない．すなわち，送信側と同じPN符号を有する受信側のみが情報の伝達を行うことができるので，通信における同じ空間での共存が可能となる．

　図9.25の1段目は送信側で拡散に用いられるPN符号PN1，2段目は受信側で逆拡散に用いるためのもので，送信側と位相関係が異なり同じ符号系列を有するPN符号PN1d，3段目はそのPN1 × PN1dの乗算結果である．この図からわかるように，同じPN符号でも位相関係が異なるもの同士の乗算結果は別のPN符号となる．従って，受信側の復調器の入力は雑音と等価になり，情報の再生は行

図 9.25 位相の異なったPN1×PN1dの演算結果

われない．

次に直接拡散方式の概要を図9.26示す．この図のように，空間では非常に広帯域な電波が重なり合うような形で通信が行われる．図9.27に時間軸，電力，周波数軸で見たCDMA方式を示す．時間軸，周波数軸は共に一定で，電力方向で各ユーザ（a，b，c…）の信号が重なり合って多重化されている．

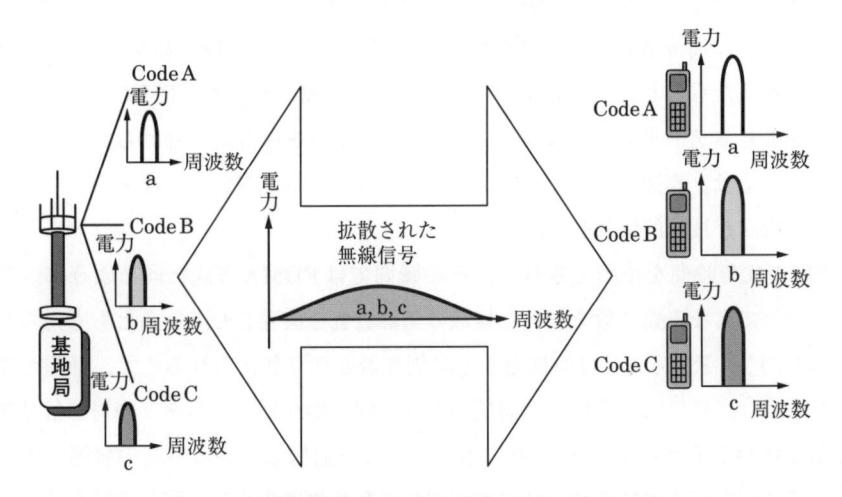

図 9.26 直接拡散方式の符号分割多元接続（CDMA）方式

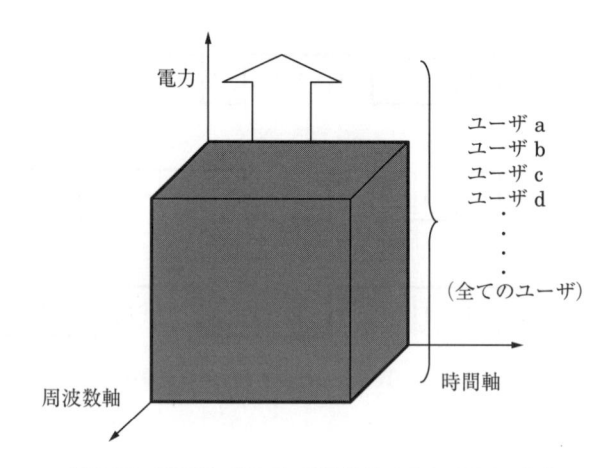

図 9.27 時間軸, 電力軸, 周波数軸で見た CDMA 方式

(2) 周波数ホッピング（FH）方式

　周波数ホッピング（FH：Frequency Hopping）方式は，拡散符合を用いて元の信号スペクトルの周波数を切り替える（ホッピング）ことで，スペクトルを広い帯域に拡散させて情報を伝送する．直接拡散方式における PN 符号発生器を，時間とともに周波数が乱数的に変化する局部信号発生器（周波数シンセサイザ）に置き換えたものと考えてもよい．図9.28 にその概要を示す．FH 方式は，一度に伝送できるデータの量により低速 FH 方式と高速 FH 方式に分けられる．システムとしては，高速 FH 方式の方がデータの再生能力は高いが，周波数シンセサイザの構成が技術的に難しい．

　FH 方式の時間を止めてみれば，その瞬間では FDMA 方式と同じように，空間に対して異なる周波数を用いた複数の無線設備を共存させているとも考えられる．ただし，FH 方式では時間とともに周波数が切り替えられるので，通信が確立するには，送信側と受信側で同期のとれた同じホッピングパタンの局部信号発生器を持つ必要がある．図9.29 に示すように，通信している時刻の経過にともなって通信を行うペアのキャリアの周波数が乱数的に変化し，同じ空間を共有することができる．

9.3 多元接続技術　　　115

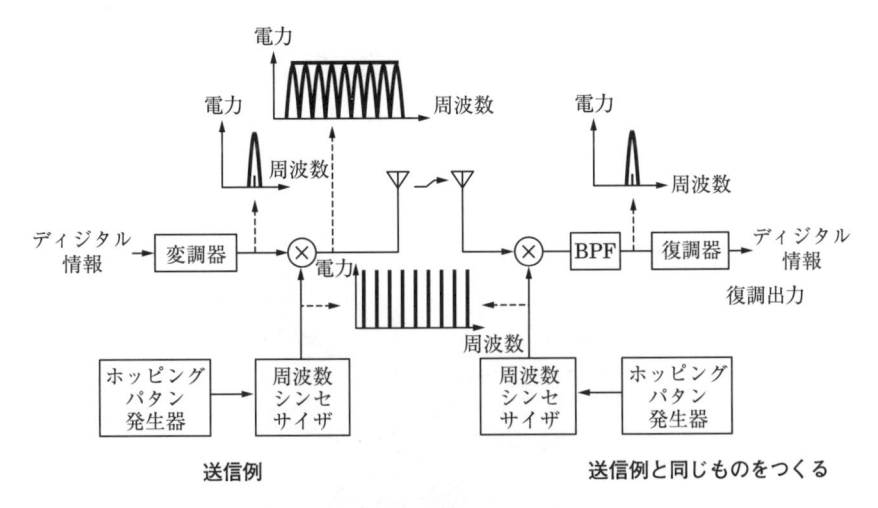

図 9.28　周波数ホッピング(FH)方式(その1)

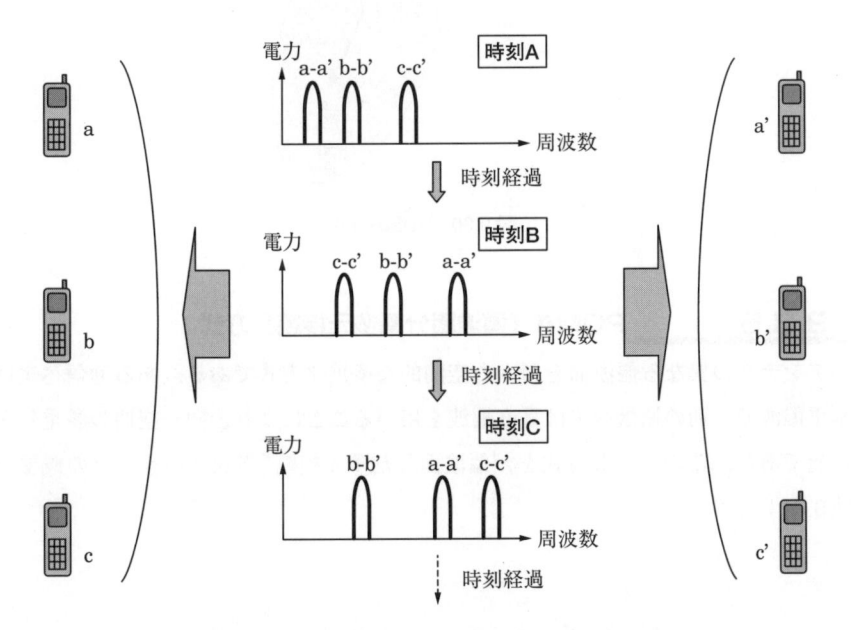

図 9.29　周波数ホッピング(FH)方式の概要(その2)

9.3.4　SDMA（空間分割多元接続）方式

アンテナの指向性を積極的に活用して，同じ周波数で空間的に無線通信のエリアを分割し，複数の無線設備が運用できるようにした方式を，空間分割多元接続*方式という．

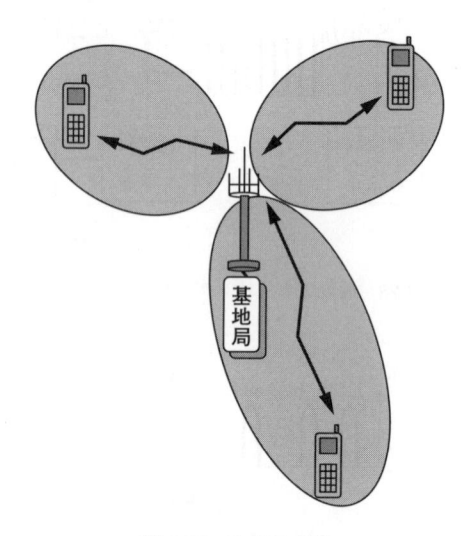

図 9.30　SDMA方式

9.3.5　PDMA（偏波面分割多元接続）方式

アンテナの異なる偏波面を用いた空間的な多重化方式である．ある通信ペアは水平偏波で，別の通信ペアは垂直編波を用いることにより，同一空間の多重化が可能である．このような方式を，偏波面分割多元接続*方式という．その概要を図9.31に示す．

---

*空間分割多元接続（SDMA：Space Division Multiple Access）
　偏波面分割多元接続（PDMA：Polarization Division Multiple Access）

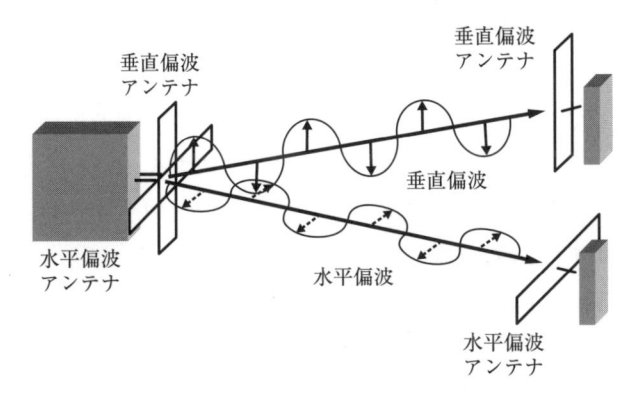

図 9.31 PDMA方式

9.3.6　OFDMと組み合わせた多元接続

　OFDM*方式は図9.32のように，中心周波数が異なる複数のサブキャリアを利用して送信情報を細かく分割し，それらをサブキャリア各々に変調し，並列に伝送する方式である．情報を分割することで，一つのキャリアあたりのシンボル

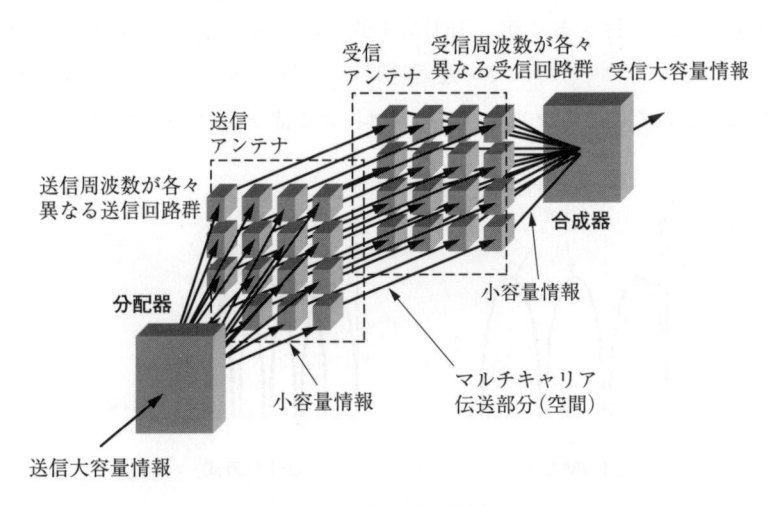

図 9.32 OFDM方式の概要

---

* OFDM（Orthogonal Frequency Division Multiplexing：直交波周波数分割多重）

伝送速度をシリアル転送する場合よりも遅くし，補完信号を挿入することによりフェージング（無線通信において信号の強度等が時間的・空間的に変化する現象）の影響を小さくできる．また，隣り合うサブキャリアの帯域を近接させても干渉することがないように，互いに「直交」させて送信する．OFDM方式では，データを時間的に一部重複させて送る「ガードインターバル」を情報に付加することにより，マルチパス障害を防ぐことができる．

　図9.33の左側に，FDM*方式を示す．FDM方式は周波数で分割した多重化技術で，このときの各々の信号はお互いに独立している．一方，同図の右側に示すOFDM方式では，隣接する信号は直交している．直交とは相関がないことを意味し，サブキャリア同士の位相は同期してシンボルレートと等しくなっているので，一見干渉し合うように見える隣接チャンネルの信号同士も，分離し復調することができる．この多数の等間隔で並んだキャリアに変調をかける手法として，高速フーリエ逆変換（Inverse Discrete Fast Fourier Transform）が用いられている．図9.34にOFDMの信号作成方法を示す．

　ワイヤレスブロードバンドが目指す，高速で走行する移動体通信では，マルチパスの影響が常に付きまとう．OFDM方式では，送信情報を分割して低速な情報にすることで，マルチパスでの遅延時間の広がりがシンボルレートより短くなっている．これだけでもマルチパスの遅延による前シンボルへの漏れ込みは少な

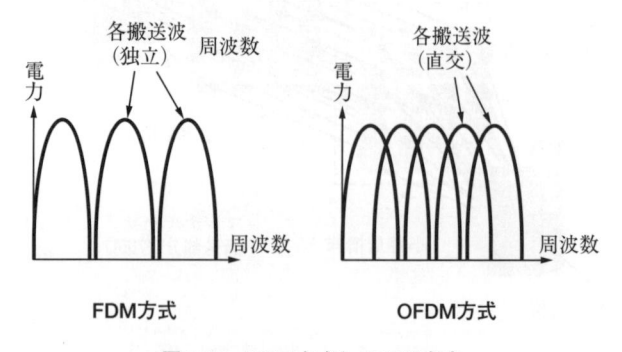

図 9.33　FDM方式とOFDM方式

* FDM（Frequency Division Multiplexing：周波数分割多重）

9.3 多元接続技術

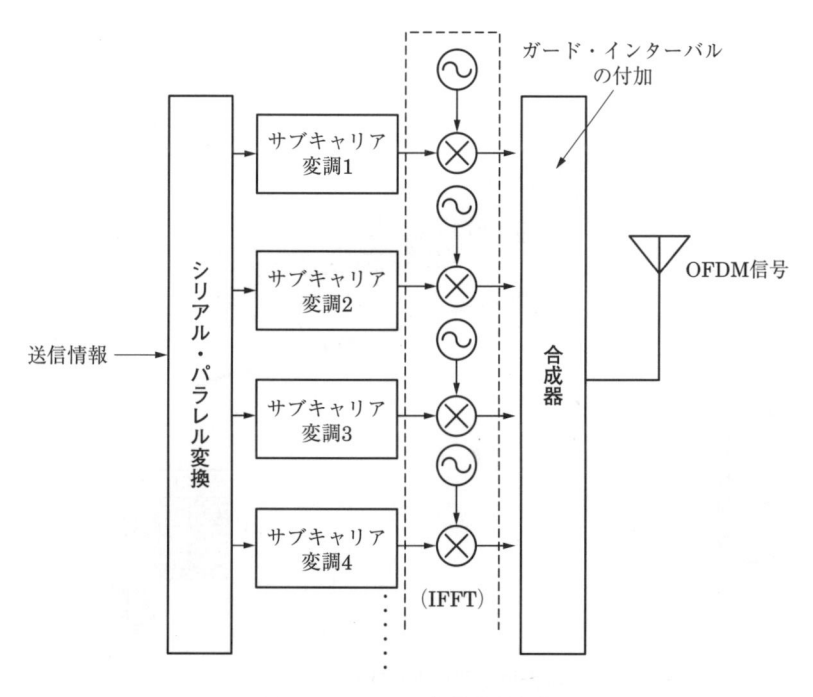

図 9.34 OFDMの信号作成方法

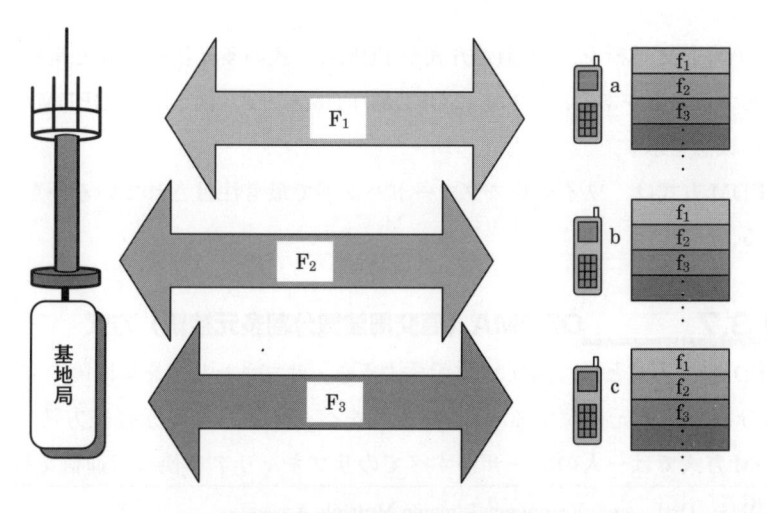

図 9.35 OFDM/FDMA方式の概念

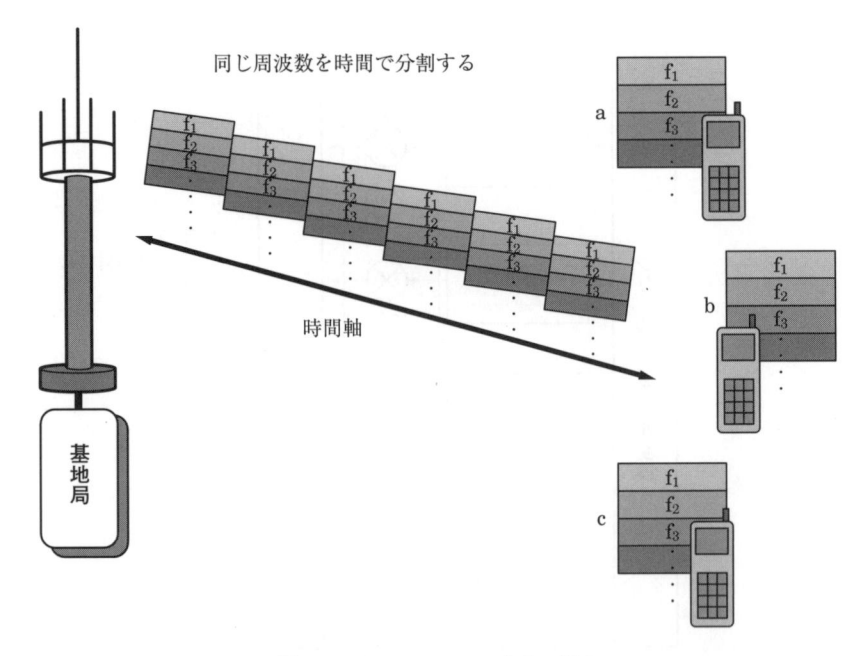

図 9.36 OFDM/TDMA方式の概念

くなる．

　このOFDM技術を，FDMA方式やTDMA方式の多元接続方式と組み合わせて利用することがある．図9.35にOFDM/FDMA方式，図9.36にOFDM/TDMA方式の概念を示す．

　OFDM方式は，ワイヤレスブロードバンドで最も注目されている多重化技術である．

9.3.7　OFDMA（直交周波数分割多元接続）方式

　OFDMA*方式とは，図9.37に示すような，サブキャリアを等間隔の直交周波数に分割し，多元接続するOFDM方式をベースとした多元接続方法である．OFDM方式では一人のユーザがすべてのサブキャリアを使って通信を行うが，

* OFDMA（Orthogonal Frequency Division Multiple Access）

9.3 多元接続技術

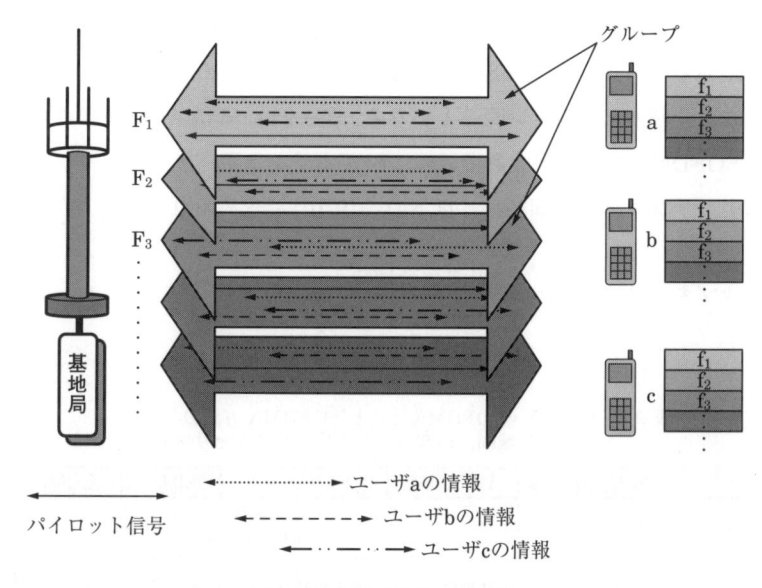

図 9.37 OFDMA方式の概要

OFDMA方式ではOFDM方式のサブキャリアをいくつかのグループに分け，そのグループの決められたサブキャリアをグループの中から抜き出し，それらをAが通信するためのサブキャリアの集合，Bが通信するためのサブキャリアの集合，Cが通信するためのサブキャリアの集合…として，パイロット信号で同期を取りながら多元接続を行う．セルラーシステムにおいて，OFDMA方式は，隣接セルでも同じ周波数を使うことができるので，OFDM方式と比較して高い周波数利用効率が得られる．

9.3.8　SOFDMA（スケーラブル直交周波数分割多元接続）方式

WiMAX（IEEE 802.16-2004）では，OFDMA-2048というFFTサイズが2048ポイント固定のOFDM方式を採用しているため，周波数帯域幅（1.25〜20MHz）が変わるとサブキャリア間隔も変わる．しかしWiMAX（IEEE 802.16e）は，周波数帯域幅が変わってもサブキャリア間隔を一定にするシステムであるため，FFTサイズを周波数帯域幅に応じて変更しなければならない．

このように周波数帯域幅を測り（Scalable）ながらOFDM方式の信号処理を行う必要があると考えられた．SOFDMA*方式は，Scalableの概念を取り入れた直交周波数分割多元接続ということになる．表9.2に，WiMAXの主要なOFDMA方式とSOFDMA方式の周波数帯域幅，FFTポイント数，サブキャリア間隔の関係を示す．サブキャリア間隔は，以下の式(9.10)で求められる．

$$\text{サブキャリア間隔} = \frac{\text{周波数帯域幅}}{\text{FFTポイント数} \times \frac{7}{8}} \tag{9.10}$$

表 9.2 WiMAX の OFDMA 方式と SOFDMA 方式の
周波数帯域幅，FFTポイント数，サブキャリア間隔の関係

		周波数帯域幅	1.25MHz	5MHz	10MHz	20MHz
IEEE 802.16 -2004	FFTサイズ		2048 固定 (OFDMA-2004)			
	サブキャリア間隔〔kHz〕		0.697545	2.790179	5.580357	11.160714
IEEE 802.16e	FFTサイズ		128	512	1024	2048
	サブキャリア間隔		11.160714 kHz 一定 (SOFDMA)			

---

* SOFDMA (Scalable Orthogonal Frequency Division Multiple Access)

第10章

スマートアンテナ技術

　携帯電話などに代表されるセルラーシステムは，当初，図10.1に示すように，基地局は水平面内無指向性のアンテナを用いて，オムニセルと呼ばれるカバーエリア内の移動端末と通信をしていた．しかし，オムニセル用のアンテナは垂直面内の指向性を絞ることにより利得を向上できるが，その利得向上にも限界がある．

　そこで図10.2に示すように，オムニセルをいくつかの指向性アンテナを用いて水平面で扇型に分割したセクタアンテナ方式により，アンテナ自体の利得の向上を図った．しかしこの方式は，ハンドオーバの頻度を高くするものであった．

　セルラーシステムは，オムニセルからの発展の一つの流れとして，電波の伝播

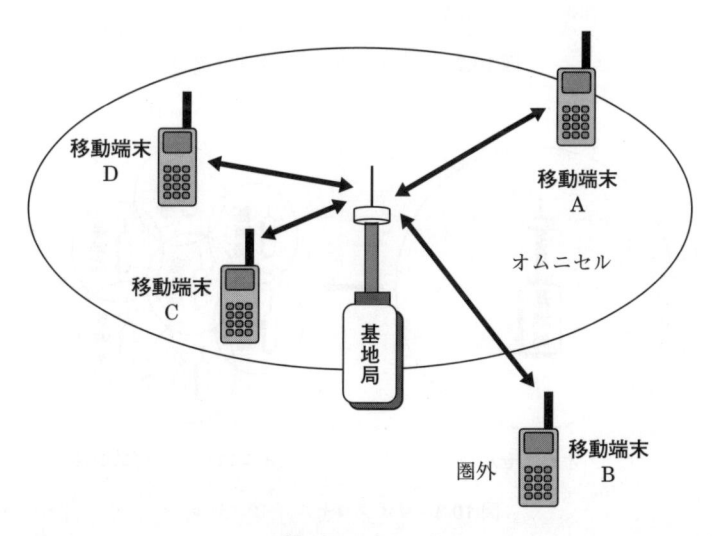

図 10.1　オムニセル

損失を低減するために，オムニセルやセクタ分割したセルをさらに細分化した，図10.3に示すようなマイクロセルやピコセルを構築した．しかしこの場合も，基地局数の増加による設備コストの高騰や，オムニセルよりもさらにハンドオーバの頻度が高くなることによるシステムへの制御負荷も増大した．

　もう一つの流れは，スマートアンテナ（Smart Antenna）と呼ばれる技術で

指向性アンテナを用いて，空間をセクタに分割する．

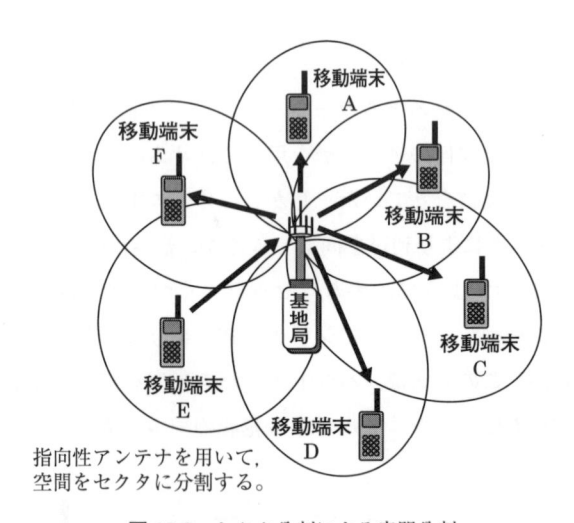

図10.2　セクタ分割による空間分割

オムニセル　　　マイクロセル，ピコセル

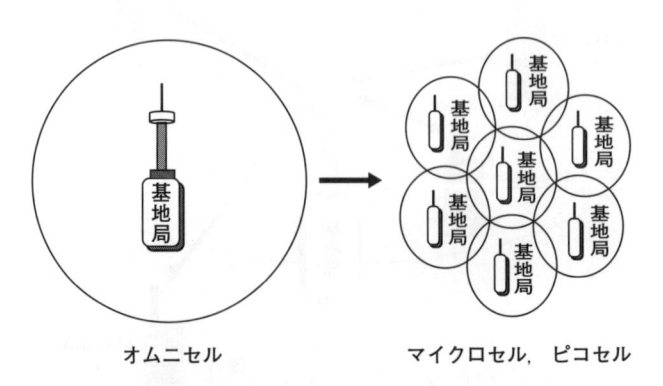

図10.3　マイクロセル，ピコセル

ある．スマートアンテナの定義は明確ではないが，1990年代では頭脳を持つような制御ができるアンテナという意味であった．ビームフォーミング技術で基地局は移動端末にビーム（放射指向性）を絞り込み，相手の移動を追尾することによりハンドオーバの頻度も減ってきた．本書では，従来のアンテナの技術に無線伝送技術，ディジタル信号処理技術，ネットワーク技術などを融合し，インテリジェント化を図ったアンテナをスマートアンテナと呼ぶこととする．

本章ではスマートアンテナの例として，アダプティブアンテナシステム（AAS）方式とMIMO方式の概要を述べる．

10.1 アダプティブアンテナシステム（AAS）方式

図10.4に示すようにセルラーシステムでは，通信したい移動端末の他に混信を与える移動端末も存在する．さらに，マルチパス信号の影響による通信回線の品質の劣化も起こる．そこで，これらの問題を回避する技術として，図10.5に示すように，基地局に鋭い放射指向性を有するアレイアンテナを用いて，ビームを水平面内で左右に振ったりビーム幅を制御することによって通信目的の移動端末方向にビームを向けて，その方向への指向性利得を上げる技術（ビームフォー

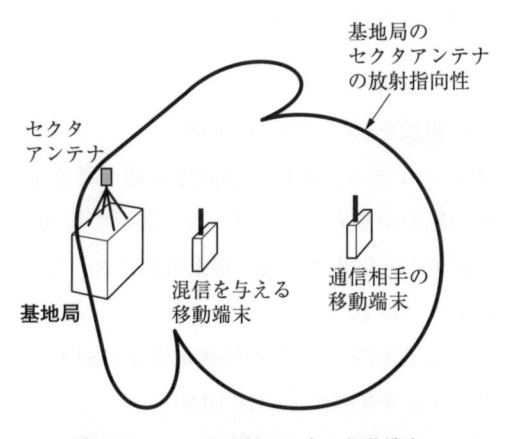

図10.4 セクタ分割セル内の移動端末

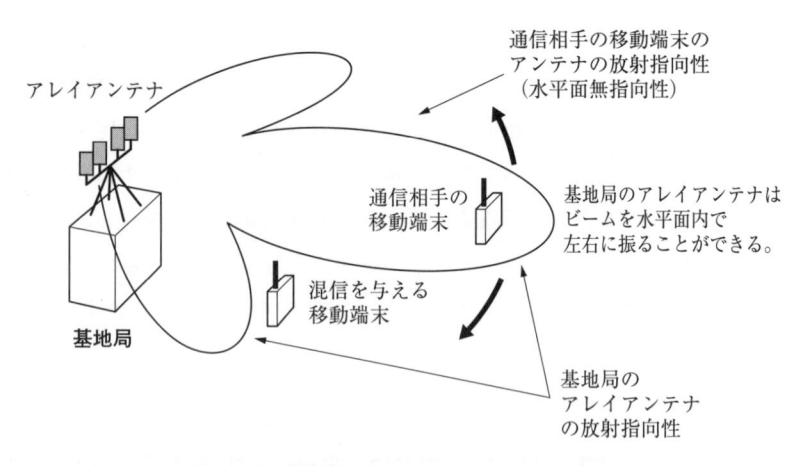

図 10.5 アダプティブアンテナシステム（AAS）方式

ミング）や，干渉信号を与える移動端末やマルチパス信号の方向へ放射パタンのヌル点を向け，アンテナの指向性利得を下げる技術（ヌルステアリング）などがある．このような制御を自動的に行う適応型アンテナの方式を，アダプティブアンテナシステム（AAS：Adaptive Antenna System）方式と呼ぶ．AAS方式はアドバンスドアンテナシステム（Advanced Antenna System）方式やアダプティブアンテナアレイ（AAA：Adaptive Antenna Array）方式と呼ばれることもある．

AAS方式には，以下に示すような種類がある．

(a) マルチビーム：通信相手の移動端末に対して，あらかじめ準備されたビームから一つまたは複数を選択する（図10.6）．
(b) ビームスイッチング：ある分解能で指向性を切り替えて，通信相手の移動端末に対して放射電力が最大になるビームを選択する（図10.7）．
(c) ビームステアリング：通信相手の移動端末方向に対して放射電力が最大になるビームを形成する（図10.8）．
(d) ヌルステアリング：混信を与える移動端末方向に対して放射電力がヌルになる方向を向け，干渉を抑圧する（図10.9）．

10.1 アダプティブアンテナシステム（AAS）方式   127

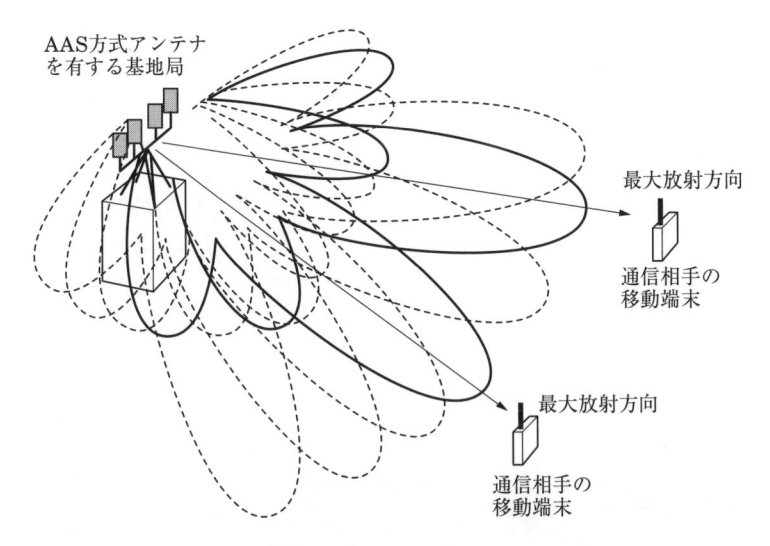

図 10.6　マルチビーム

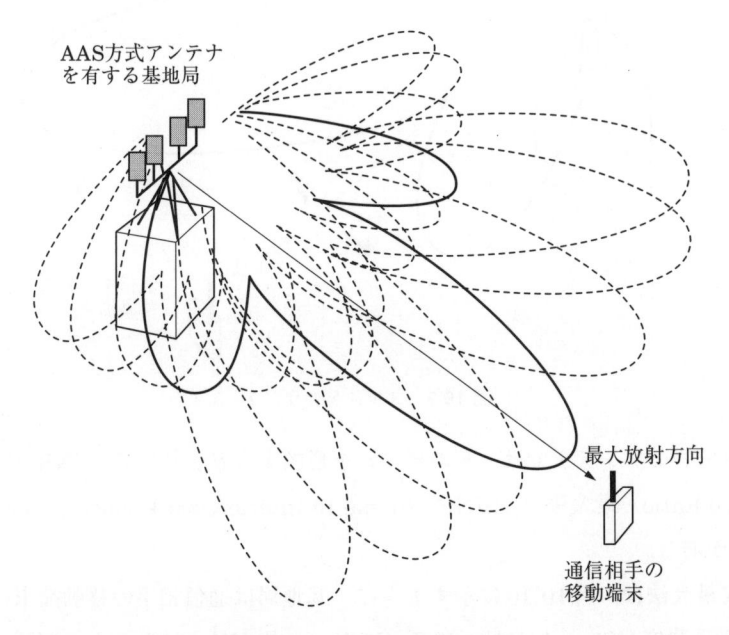

図 10.7　ビームスイッチング

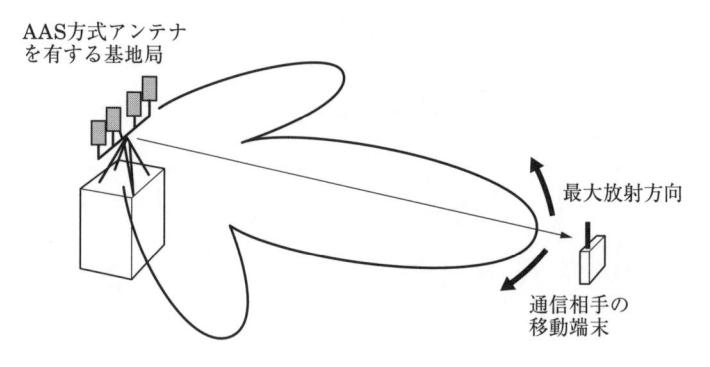

図10.8　ビームステアリング

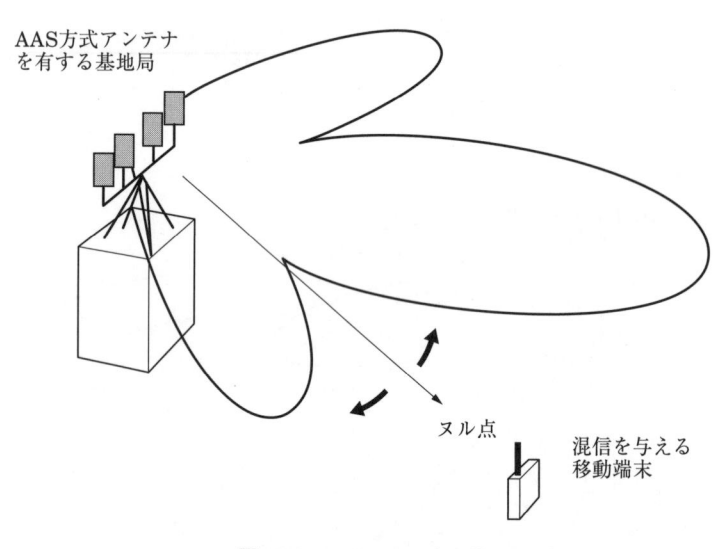

図10.9　ヌルステアリング

　AAS方式のアンテナでは，そのビームを形成する方法として，SNR（Signal to Noise Ratio）最大法や，SINR（Signal to Interference + Noise Ratio）最大法などがある．
　SNR最大法は，図10.10に示すように，基地局は通信相手の移動端末に対して，「信号強度（Signal）」対「雑音（Noise）」比が最大になるようにビームを

10.1 アダプティブアンテナシステム (AAS) 方式

向ける方法である．

SINR最大法は，図10.11に示すように，基地局から見て通信相手の移動端末に混信を与える移動端末が存在するとき，「通信相手の移動端末の信号強度 (Signal)」対「混信を与える移動端末の信号強度 + 雑音 (Interference + Noise)」の比を考慮し，混信を与える移動端末の方向に基地局アンテナの放射指向性のヌル点を向ける方法である．そのため，通信相手の移動端末に対して，ビームの最

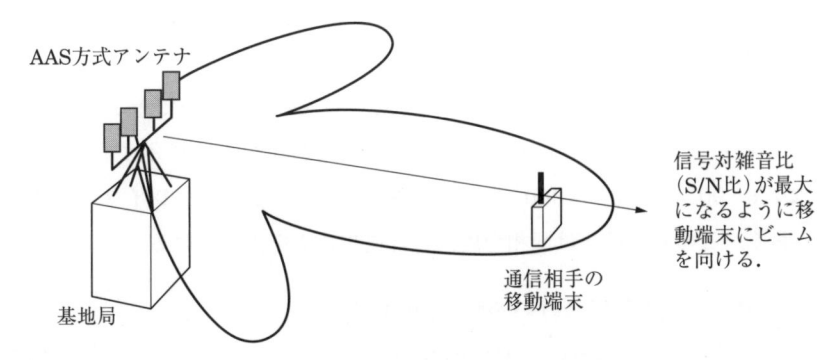

図 10.10 SNR (Signal to Noise Ratio) 最大法

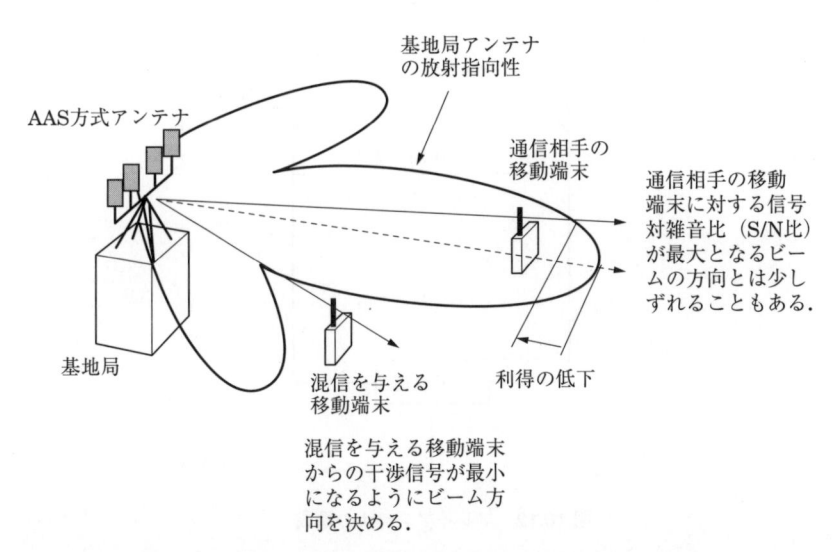

図 10.11 SINR (Signal to Interference + Noise Ratio) 最大法

大放射方向（アンテナ利得の最大点）がずれることもある．

　AAS方式には，前述のようにアレイアンテナの技術が用いられている．アレイアンテナとは，図10.12に示すように各素子アンテナ（アレイアンテナを構成する基本アンテナ）に対して位相を制御して給電することにより，アンテナの放射指向性を制御できるアンテナである．素子アンテナを空間的に素子間隔dで設置し，個々の素子アンテナからの位相差を考慮した信号を合成することにより，尖鋭な放射指向性を実現する．素子アンテナを組み合わせてアレイアンテナを構成するとき，そのアレイアンテナの放射指向性は，採用する素子アンテナの放射指向性にアレイファクタと呼ばれる係数を乗じて求めることができる．図10.13に示す座標系において，アレイファクタを表す式を式(10.1)に示す．点波源を考えて，$\theta=90°$，$\phi=0°\sim360°$まで変化させたときの2素子アレイファクタを$f(\phi)$とおく．この式では＋は同相合成，－は逆相合成を表している．

$$\begin{cases} f(\phi) = \exp\left(j\frac{\pi}{\lambda}d\cos\phi\right) \pm \exp\left(-j\frac{\pi}{\lambda}d\cos\phi\right) \\ \quad = 2\cos\left(\frac{\pi}{\lambda}d\cos\phi\right) \quad \text{（同相合成）} \\ \quad = j2\sin\left(\frac{\pi}{\lambda}d\cos\phi\right) \quad \text{（逆相合成）} \end{cases} \quad (10.1)$$

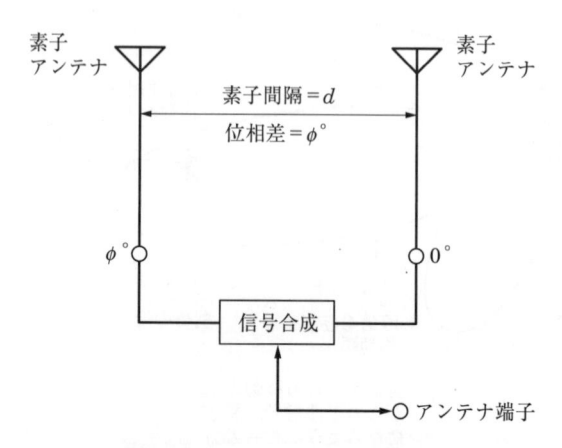

図10.12 アレイアンテナの構成

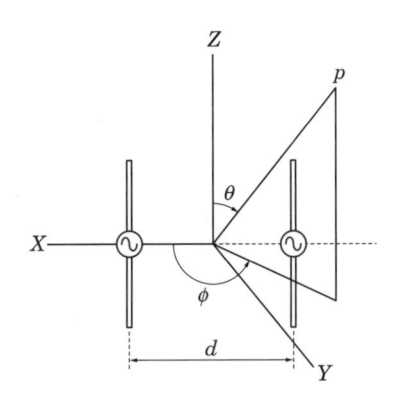

10.1 アダプティブアンテナシステム（AAS）方式

図 10.13 アレイアンテナの座標系

ここで，λは自由空間での1波長を表す．採用する素子アンテナの指向性係数を$D_{\theta(\phi)}$とすると，合成放射指向性$D_{r(\phi)}$は次の式で表すことができる．

$$D_{r(\phi)} = D_{\theta(\phi)} \cdot f_{(\phi)} \tag{10.2}$$

素子アンテナに無指向性のアンテナを用いれば，アレイアンテナの放射指向性はアレイファクタそのものになる．また，素子アンテナに指向性アンテナを用いれば，アレイアンテナの放射指向性幅はより狭くなる．

アレイアンテナの代表的な事例として，図10.13に示すように配置した2本の垂直偏波ダイポールアンテナ（水平面内無指向性）に，同じ位相で給電したときの放射指向性を図10.14に，位相差180°で給電したときの放射指向性を図10.15に示す．2本の素子アンテナ（ダイポールアンテナ）へ位相差を設けて給電することにより，放射が多い部分と放射が少ない部分を水平面内で制御できる．すなわち，アレイアンテナの技術によりビームフォーミングやヌルステアリングなどを実現できる．

素子アンテナの給電点での位相差や振幅差を与えることをウェイト制御という．このウェイト制御を高周波の領域で行うアレイアンテナは，実用化がされた時代にはフェーズドアレイアンテナ（Phased Array Antenna）と呼ばれていた．このアレイアンテナは，高周波部品の可変位相器や可変アッテネータで構成されていたため，可変位相器や可変アッテネータの値を決めてしまうと，そのときの

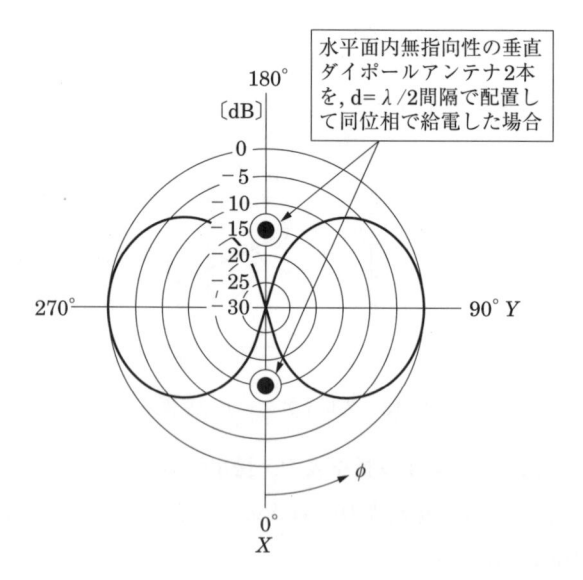

図 10.14 ダイポールアンテナアレイ放射指向性（同相給電）

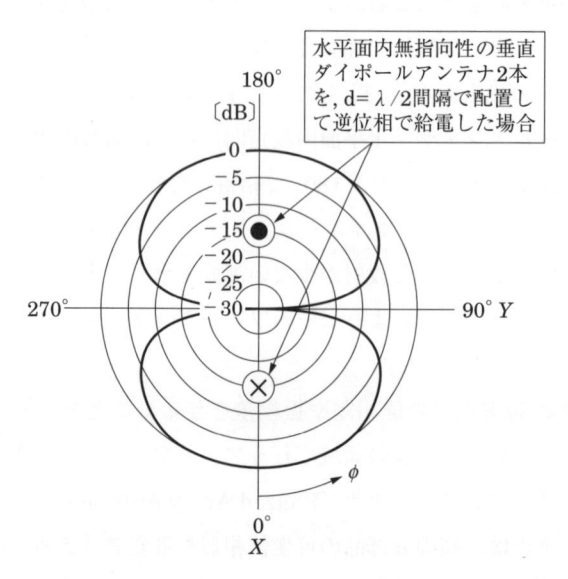

図 10.15 ダイポールアンテナアレイ放射指向性（逆相給電）

放射指向性は一つに定まってしまう．

一方，現在のスマートアンテナと呼ばれるディジタル信号処理技術を併用したアレイアンテナは，図10.16に示すように，アンテナが扱う高周波信号を周波数変換器にて低い周波数に変換し，そこでアナログ／ディジタル変換を行い，ベースバンド信号処理回路で演算的に個々の受信信号を分離してからビームを作成するので，同時に複数のビームが存在するかのように動作する．

ここで周波数変換動作について述べる．受信系の周波数変換器への入力信号を

$$\begin{cases} RF入力信号 \quad f_{RF} = \cos(\omega_{RF}t + \phi) \\ 局部発振器信号 \quad f_{LO} = \cos(\omega_{LO}t) \end{cases} \quad (10.4)$$

とすると，その周波数変換器の出力信号 f_{IF} は

$$f_{IF} = f_{RF} \times f_{LO} = \cos(\omega_{RF}t + \phi) \times \cos(\omega_{LO}t)$$

$$= \frac{1}{2}\{\cos(\omega_{RF}t + \phi + \omega_{LO}t) - \cos(\omega_{RF}t + \phi - \omega_{LO}t)\}$$

$$= \frac{1}{2}[\cos\{(\omega_{RF} + \omega_{LO})t + \phi\} - \cos\{(\omega_{RF} - \omega_{LO})t + \phi\}] \quad (10.5)$$

となり，f_{RF} と f_{LO} の和と差のどちらの周波数成分でも，入力信号の位相情報 ϕ は周波数変換後でも変化はない．また，周波数変換器の変換利得（または変換損失）が既知であるので，アンテナから入力される信号の振幅情報より，周波数変換器

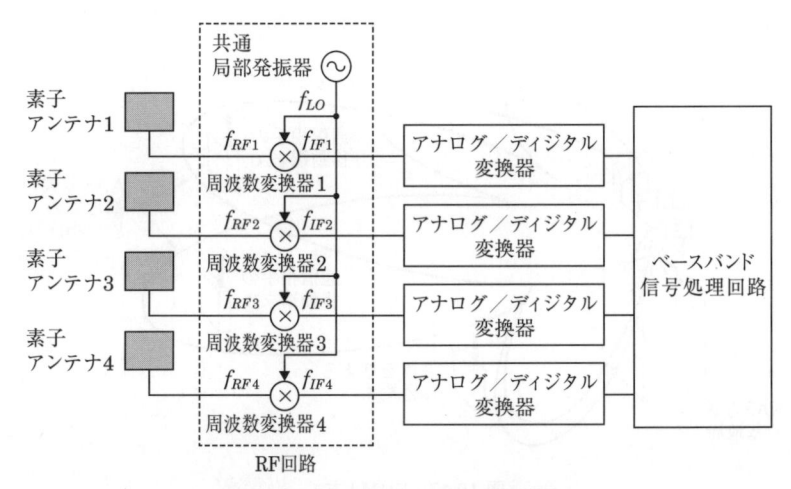

図 10.16 スマートアンテナの装置構成

から出力される振幅情報を推測できる．送信系の周波数変換器も，RF入力信号をIF入力信号，IF出力信号をRF出力信号と読み替えることにより，同様な結果が得られる．

　スマートアンテナの個々の受信系回路では，共通の局部発振器を用いて高周波領域から低い周波数領域に変換された個々の位相情報と振幅情報を保持した周波数変換後の受信信号を，アナログ／ディジタル（A/D）変換器を介して情報を量子化し，ベースバンド信号処理回路に入力する．ここで，量子化された位相情報や振幅情報を基に，演算によりビームフォーミングやヌルステアリングなどの操作を行う．

　送信系回路では，ベースバンド信号処理回路で別々の通信相手の移動端末向けに演算を行い，ビームフォーミングやヌルステアリングなどの操作を行う。この量子化情報から個々のディジタル／アナログ（D/A）変換器を介して，低い周波数でのウェイト制御がかけられたアナログ信号を作成し，周波数変換器で高周波信号に変換し，各素子アンテナへ給電する．

　スマートアンテナでは，ビームの作成をベースバンドの演算で行っているため，高周波でウェイト制御を行うフェーズドアレイアンテナと異なり，図10.17に示すSDMA方式のように，ほぼ同時に個々の移動端末向けに複数のビームを作成できる．

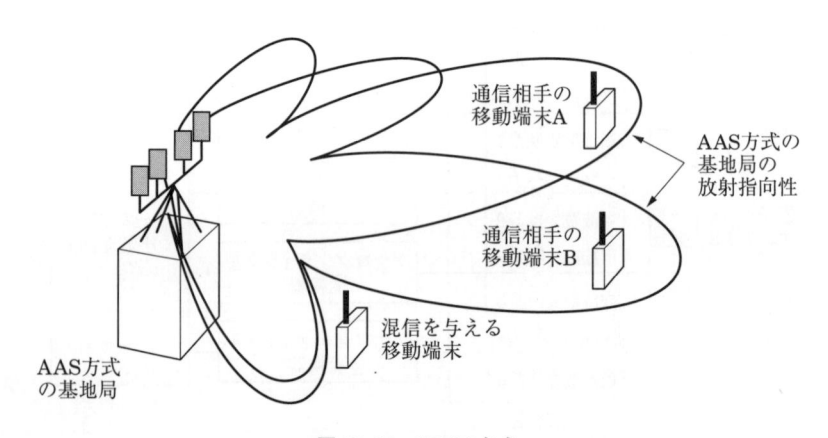

図10.17　SDMA方式

10.1 アダプティブアンテナシステム（AAS）方式

移動端末にアレイアンテナの技術を用いてビームを絞り込むとき，基地局では移動端末からの信号到来方向（DOA：Direction Of Arrival）を特定しなければならない．そのため，アンテナに電子回路やディジタル信号処理による制御機能を付加する必要がある．DOAを特定する方法の一つとして，AAA-BF*法がある．この方式は，まず上り回線の受信において，パケットフレーム内のパイロットチャンネルを利用してアンテナのビームを振り，アンテナで受信した電力を解析することにより移動端末の信号到来方向と受信タイミングを推定する．この上り回線で推定した信号到来方向に向けてアンテナのビームを絞り込み，下り回線で送信する．図10.18に，AAA-BF法を用いた基地局側AAS方式の送受信ブロックの一例を示す．

AAS方式の特徴を下記にまとめる．

① 基地局がAAS方式を用いると，移動端末の相互干渉を低減する効果があり，

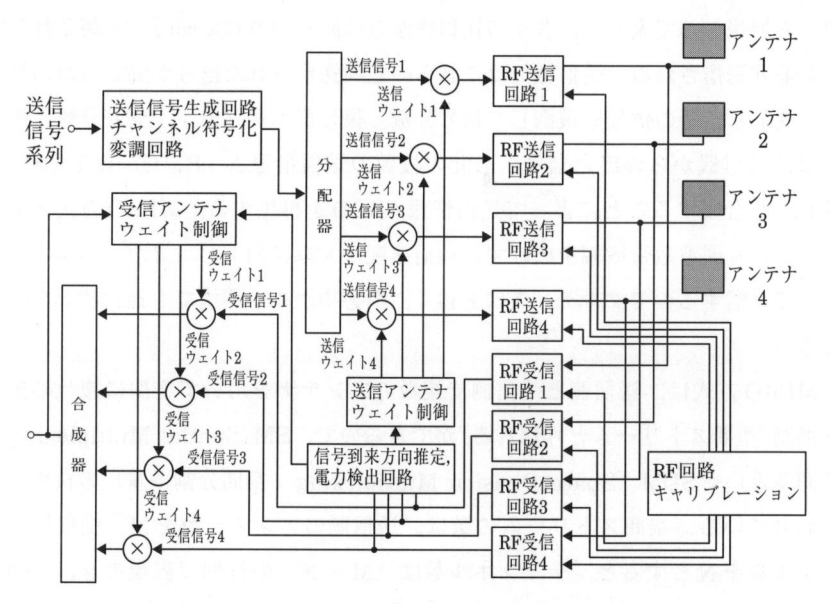

図10.18 AAA-BF法を用いた基地局側AAS方式の送・受信ブロック図

* AAA-BF（Adaptive Antenna Array - Beam Forming）

リンクバジェット（通信リンクが切れても繋ぎ直すことができる信号レベルの最大値）が改善される．
② 通信速度は変わらない．

このAAS方式のように，空間を効率よく狭い角度で分割して，多くの無線伝送路を確保することを空間フィルタリングという．

10.2　MIMO (Multiple Input Multiple Output) 方式

近年，無線LANなどでもMIMO伝送の技術が実用化されてきた．MIMO[*]方式とは，送信側・受信側で各々複数のアンテナを使用し，その間の空間では複数の電波伝播路を作ることで空間的な多重化を行う方式である．図10.19に示すように，送信情報ABCDを信号分配器でA，B，C，Dに分配し，複数の送信機に異なる情報として入力し，各々の送信機からは同じ周波数で同時に変調された電波が並列送信される．受信機ではこれらの並列送信された信号が混ざった信号として受信し，その信号を復調して信号分離／復号器へ送り出す．信号分離／復号器は，受信機からの出力信号から元の複数の送信情報A，B，C，Dを分離し，それらを合成することによって送信情報ABCDを再生する．MIMO方式を用いると，占有周波数帯域幅を広げずに通信速度が大幅に向上し，また，複数のアンテナで受信するのでマルチパスにも強く，障害物が多い環境でも通信状況を改善できる．

MIMO方式は，送信側と受信側で複数のアンテナを用いて空間に複数の無線伝播路(空間ストリームと呼ばれる)ができるので，SM (Spatial Multiplexing：空間多重) やSDM (Space Division Multiplexing：空間分割多重) の技術ともいわれている．空間ストリームの数は，送信側のアンテナ数をM，受信側のアンテナ数をNとすると，チャンネル数は（M×N）の行列で表現でき，そのチャンネル行列から計算できる階層（ランク）の値となる．

---

[*] MIMO（Multiple Input Multiple OutputまたはMulti Input Multi Outputの略）

10.2 MIMO（Multiple Input Multiple Output）方式

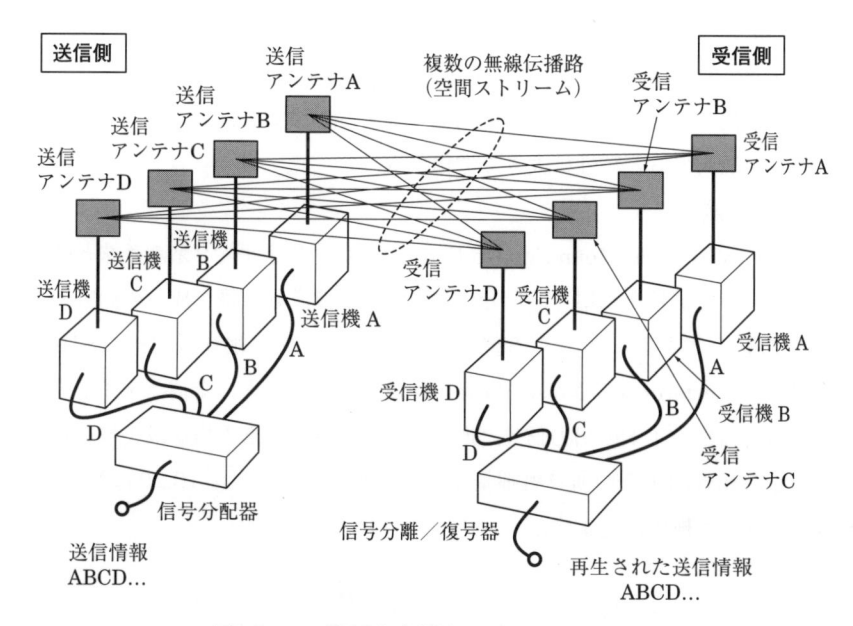

図 10.19 MIMO方式を用いたアンテナシステム

　MIMO方式に用いる複数の素子アンテナは，AAS方式のようにビームフォーミングやヌルステアリングを行うわけではないので，各々の素子アンテナの特性を揃える必要はなく，個々の素子アンテナは独立なフェージング変動であり，空間相関は低い方が良い．

　また，MIMO方式では，無線伝送路条件がフラットフェージングでなければならない．周波数選択性フェージングによる信号歪は，MIMO方式では復元できない．

10.2.1　受信信号分離アルゴリズム

　MIMO方式では，そのスループットの増大は，信号分離/復号器での多重化された信号から元の信号を分離する精度に大きく依存する．代表的な分離アルゴリズムとして，ZF法，MMSE法，V-BLAST法，MLD法などがある．

(1) ZF法

ZF（Zero Forcing）法は，チャンネル行列の逆行列を掛け合わせることによって，多重化された信号から元の情報を分離する方法である．干渉は除去できるが，雑音が混入すると特性は大きく劣化する．

(2) MMSE法

MMSE（Minimum Mean Square Error）法は，最小平均2乗誤差法と呼ばれる．パイロット信号を利用し，信号に含まれる干渉成分と雑音成分の両方のエネルギーを最小とすることで，希望信号電力対干渉及び雑音電力比（SINR：Signal to Interference＋Noise Ratio）が最大になるように受信ウェイトを決める．この受信ウェイトの出力信号と既知の参照信号の2乗平均が最小になるように動作し，比較的少ない演算処理量で信号分離が行える．図10.20にMMSE法を行うブロック構成例を示す．

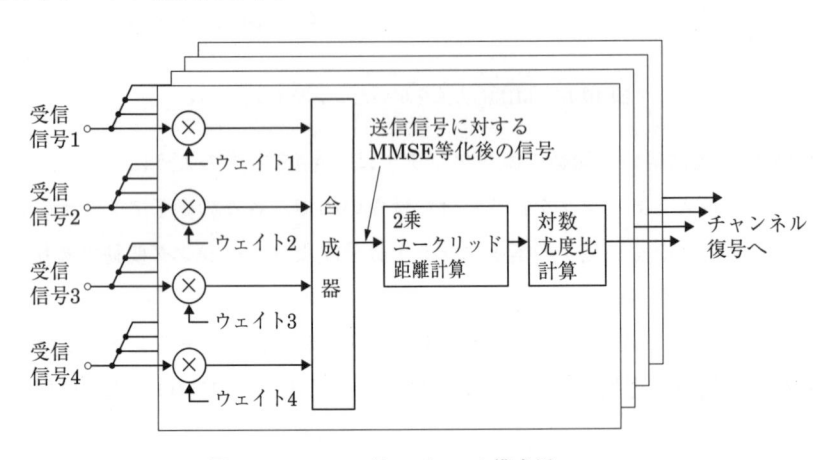

図10.20 MMSE法のブロック構成例

(3) V-BLAST法

V-BLAST（Vertical Bell Labs Layered Space-Time）法は，図10.21に示すように，まずMMSE等化回路にて送信信号1に対するMMSE等化信号を作成する．この信号とチャンネル推定値を基に，送信信号1の干渉受信信号のレプリカを生成する．この信号を受信信号1から差し引くことにより，送信信号1の干渉

10.2 MIMO（Multiple Input Multiple Output）方式

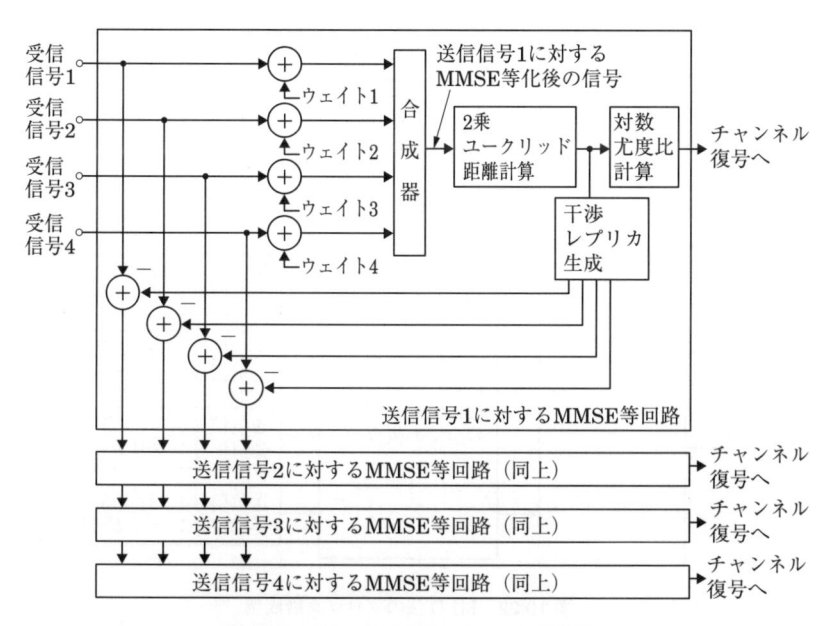

図 10.21 V-BLAST法のブロック構成例

受信信号が除去された信号が得られる．この信号を，送信信号1に対するMMSE等化回路に従属接続された送信信号2に対するMMSE等化回路に入力し，同様な処理を行い，今度は送信信号2の干渉受信信号が除去された信号を得る．この操作を送信信号の数だけ繰り返す．この方法は，強い信号から順に推定する．V-BLAST法は，信号検出後の判定帰還データを用いてMMSE等化，及び送信信号の干渉レプリカの減算を逐次的に行うので，SIC（Successive Interference Canceller）法とも呼ばれる．

(4) MLD法

MLD（Maximum Likelihood Detection）法は，最尤検出法とも呼ばれる．図10.22に示すように，空間で多重化された各信号は変調多値の数しか存在しないので，受信信号とこれらの取り得るいくつかの候補のパタンを比較し，受信信号とこのパタンの誤差の2乗が最小になる信号を出力する．1ビット当たりの平均受信信号エネルギー対雑音電力密度比（Eb/No）を大幅に低減できるが，演算

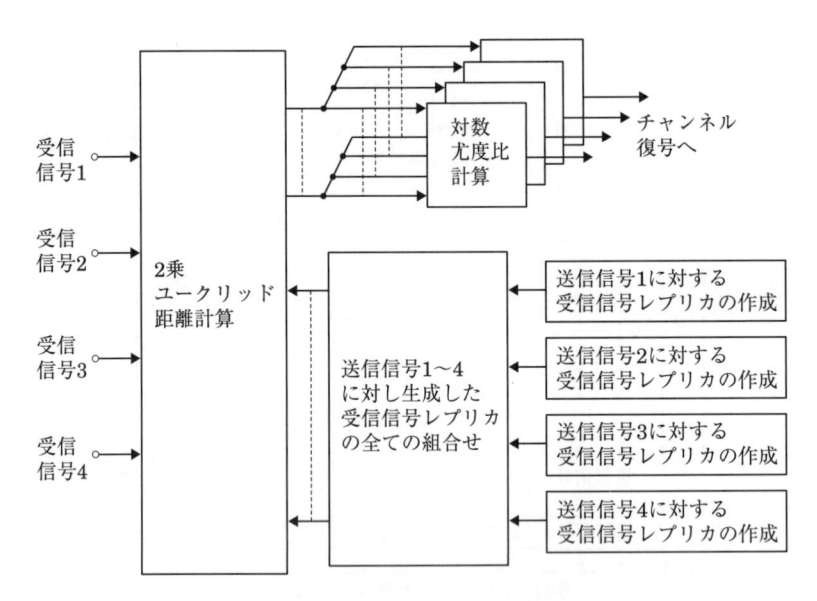

図 10.22 MLD 法のブロック構成例

処理量や回路規模は非常に大きくなる．

10.2.2 閉ループ型 MIMO と開ループ型 MIMO

　MIMO 方式には，チャンネル状態情報（CSI：Channel State Information）を送信側に戻す閉ループ型 MIMO と，CSI を戻さない開ループ型 MIMO の 2 種類がある．

　開ループ型 MIMO は，CSI を送信側に戻さないので高速な適応が可能で，チャンネル状況の変動が激しい高速移動体の通信に適用される．

　閉ループ型 MIMO は，チャンネル状況の変動が小さい場合に CSI を送信側に戻し，チャンネル行列を用いた特異値分解法（SVD：Singular Value Decomposition）により，送信側（送信情報系列を並列化し，伝播路係数より求めた送信アンテナウェイト）と受信側（推定した送受信のアンテナペア間の伝播路係数より求めた受信アンテナウェイト）で別々のウェイトをかけて，MIMO 多重の最適化を行うことができる．

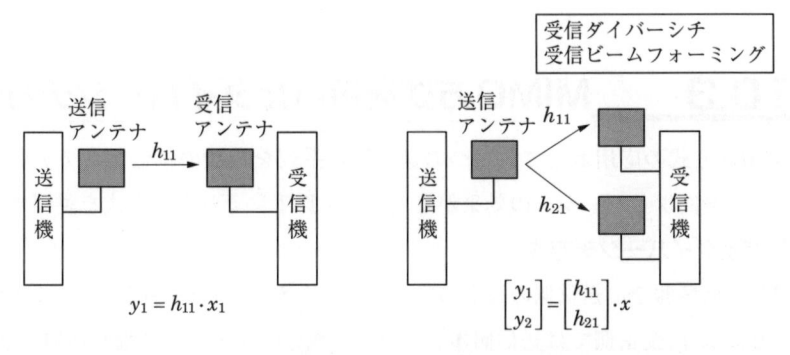

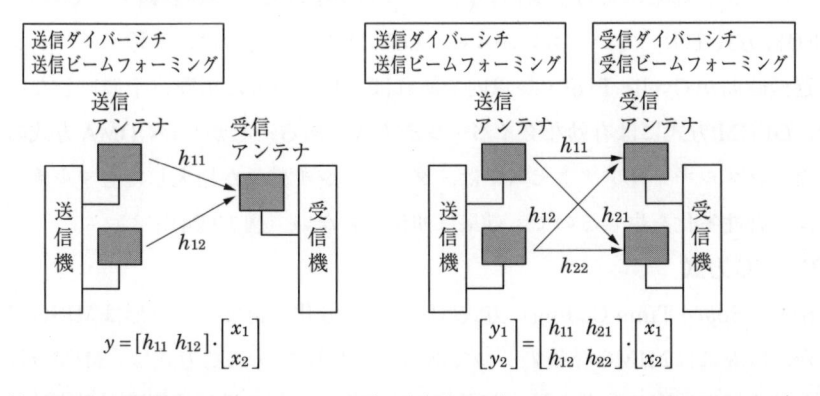

10.2.3　SISO方式，SIMO方式，MISO方式，MIMO方式

MIMO方式はMultiple Input Multiple Outputとして，送信アンテナと受信アンテナ間の空間に対しての入り口をInput，出口をOutputとしている．MIMO方式以外のアンテナシステムも，以下のように呼ばれている．

SISO（Single Input Single Output）**方式**：送受信ともに一本のアンテナを使用する（図10.23(a)）．

SIMO（Single Input Multiple Output）**方式**：送信側が一本のアンテナ，受信

(a) SISO (Single Input Single Output)

$y_1 = h_{11} \cdot x_1$

(b) SIMO (Single Input Multiple Output)

$\begin{bmatrix} y_1 \\ y_2 \end{bmatrix} = \begin{bmatrix} h_{11} \\ h_{21} \end{bmatrix} \cdot x$

(c) MISO (Multiple Input Single Output)

$y = \begin{bmatrix} h_{11} & h_{12} \end{bmatrix} \cdot \begin{bmatrix} x_1 \\ x_2 \end{bmatrix}$

(d) MIMO (Multiple Input Multiple Output)

$\begin{bmatrix} y_1 \\ y_2 \end{bmatrix} = \begin{bmatrix} h_{11} & h_{21} \\ h_{12} & h_{22} \end{bmatrix} \cdot \begin{bmatrix} x_1 \\ x_2 \end{bmatrix}$

図 10.23　SISO方式，SIMO方式，MISO方式，MIMO方式

側が複数のアンテナを使用する（図10.23(b)：受信ダイバーシチ，受信ビームフォーミング）．

MISO（Multiple Input Single Output）**方式**：送信側が複数のアンテナ，受信側が一本のアンテナを使用する（図10.23(c)：送信ダイバーシチ，送信ビームフォーミング）．

MIMO（Multiple Input Multiple Output）**方式**：送受信ともに複数のアンテナを使用する（図10.23(d)）．

MIMO-MU（Multiple Input Multiple Output-Multiple User）**方式**：送受信ともに複数アンテナで1対Nの通信を行う．

10.3 MIMO方式を用いたダイバーシチ方式

　MIMO方式の応用として，一つの送信情報系列を複数の送信アンテナから送出して，空間ダイバーシチの効果が得られる．以下にそれらの方式を説明する．

(1) 遅延ダイバーシチ方式

　同じ送信情報を，送信側の複数のアンテナから異なる遅延時間を与えて送信することにより，受信側では送信側のアンテナ本数分のマルチパス数が増加となり，ダイバーシチ効果による受信側の品質の改善が図れる．移動無線アクセスでは，OFDM方式を用いているものが多い．OFDM方式の場合は，遅延ダイバーシチの遅延時間がCyclic Prefix長以内であればマルチパスは影響（干渉）しないので，OFDM方式には有効なダイバーシチ方式である．しかし，CDMA方式のようなシングルキャリアアクセスでは，ダイバーシチ効果が増大してもマルチパス干渉の特性劣化を生じるので，効果は期待できない（図10.24(a)）．

(2) STC方式

　STC（Space Time Coding）方式は時空間符号化技術で，基本形はMISOであるが，広義にはMIMO技術の一つである．ただしこのSTC方式は，MIMO技術における伝送速度の向上を狙ったものではなく，一つの送信情報系列を複数の送信アンテナから送出することで空間ダイバーシチの効果を狙ったものである（図

10.3 MIMO方式を用いたダイバーシチ方式

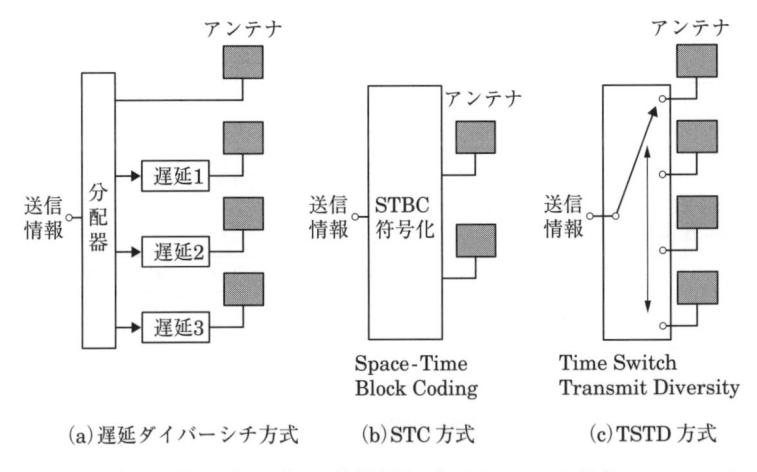

図 10.24 MIMO技術を用いたダイバーシチ方式

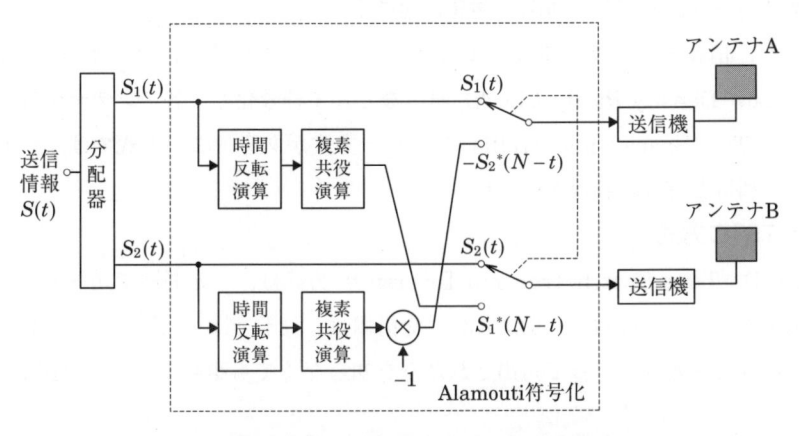

(a) 遅延ダイバーシチ方式　(b) STC方式　(c) TSTD方式

図 10.25 STBC方式のブロック図

10.24(b))．

STC方式の代表的なものに，Siavash Alamouti氏により考案されたAlamouti符号化を用いた方式があり，STBC（Space Time Block Coding：時空間ブロック符号）方式とも呼ばれる．図10.25にこの方式のブロック図を示す．

STBC方式では図10.26に示すように，時間（時間フレーム）と空間（アンテ

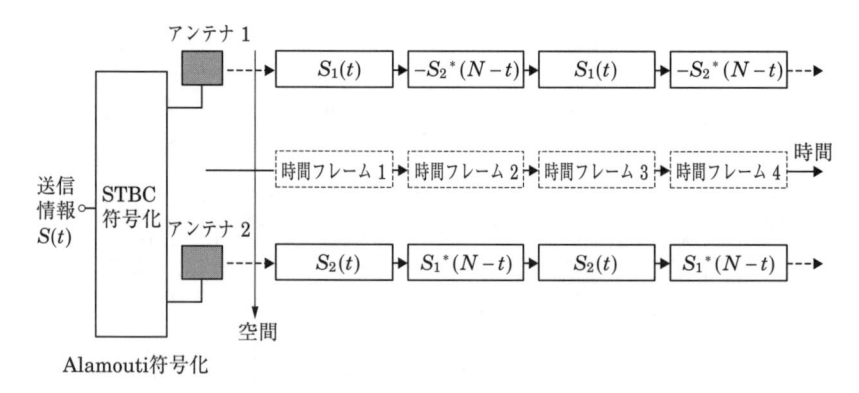

```
                    アンテナ1
                      │
        ┌─────┐   ┌──┴──┐    ┌──────┐ ┌───────────┐ ┌──────┐ ┌───────────┐
        │     │───┤     ├───→│ S_1(t)│→│-S_2*(N-t)│→│S_1(t)│→│-S_2*(N-t)│---→
        │     │   └─────┘    └──────┘ └───────────┘ └──────┘ └───────────┘
送信     │STBC │                                                              時間
情報 ○──┤符号化│         ┌時間フレーム1┐┌時間フレーム2┐┌時間フレーム3┐┌時間フレーム4┐ →
S(t)    │     │         └────────┘└────────┘└────────┘└────────┘
        │     │   ┌─────┐    ┌──────┐ ┌──────────┐ ┌──────┐ ┌──────────┐
        │     │───┤     ├───→│S_2(t)│→│S_1*(N-t)│→│S_2(t)│→│S_1*(N-t)│---→
        └─────┘   └──┬──┘    └──────┘ └──────────┘ └──────┘ └──────────┘
                   アンテナ2  ↓
                            空間
        Alamouti符号化
```

図10.26 STBC方式の概要

ナ）の領域で情報の配列を行う．このMISOのSTC方式では，SIMOの空間受信ダイバーシチと同じく3dBの劣化が起こる．

また，情報をアンテナ間でトレリスベース（ビタビ符号，ターボ符号，LDPC（Low Density Parity Check）符号など）で符号化し，各アンテナから送出するSTTC（Space Time Trellis Coding）方式がある．この方式では，ダイバーシチ利得と符号化利得が得られる．

(3) TSTD方式

TSTD（Time Switch Transmit Diversity）方式は，一定間隔で送信アンテナを切り替えて送信情報を送信する．受信側は，送信側から送出された電波がTSTD方式の処理を行って送出されたかを知らなくても復調ができる（図10.24(c)）．

10.4　AAS方式とMIMO方式の比較

前述のようにAAS方式は，通信目的の移動端末との通信において，通信相手に安定な電波を送るためのビームフォーミング技術と，目的外の移動端末からの干渉電波やマルチパスの影響を抑圧するヌルステアリング技術を用いて，安定な無線伝播路を確保することを目的としている．一方，MIMO方式（STC方式は

10.4 AAS方式とMIMO方式の比較

除く）は，送信側と受信側で複数のアンテナを用いて空間に複数の無線伝播路を作成し，その伝播路を並列に使用することによって電波の占有帯域幅を広げずに高速・大容量の通信を行うことが目的である．この概念の比較を，図10.27，表10.1～表10.3に示す．

AAS方式
複数のアンテナを用いてビームを絞り込むことにより，多くの伝播路を作る。回線接続型の端末との通信に適している。

MIMO方式
複数のアンテナを用いて，太い伝播路を作る。高速伝送が可能でパケット通信型の端末との通信に適している。

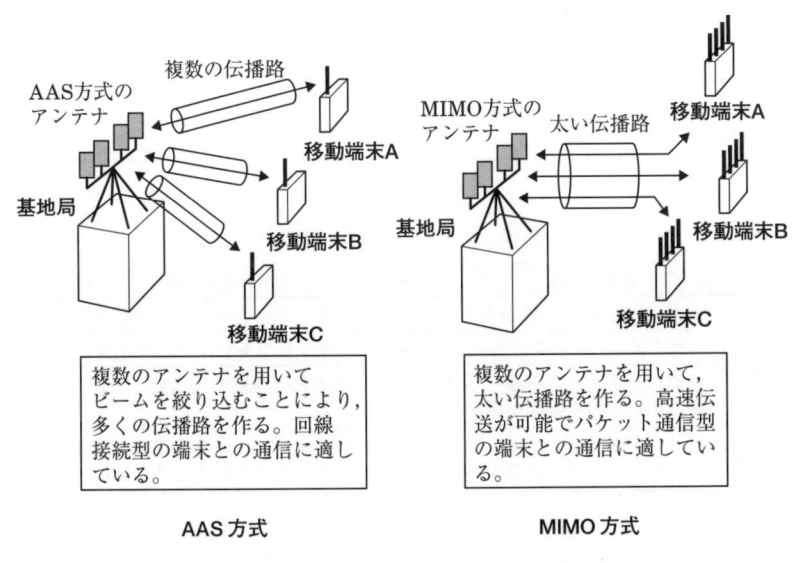

図10.27　AAS方式とMIMO方式の差異

表10.1　無線伝送の効率化を図る手法

AAS方式	MIMO方式
アレイアンテナの技術を用いて放射指向性を適応的に制御し，アンテナの利得を上げたり，干渉の除去を行うことにより，無線伝送の効率化を図る．	複数の送信アンテナと受信アンテナを組み合わせて，複数の無線伝播路を作り，伝送容量の増大化を図る．

表 10.2　特徴の比較

AAS方式	MIMO方式
空間を角度的に分割した多元接続方式：SDMA方式	空間を利用して同じ周波数で同時に並列伝送を行う多重化技術：SDM方式
・干渉を抑圧して，多数のユーザを収容 ・ビームフォーミングによるアンテナの指向性利得の増加：カバーエリアの拡大 ・ユーザごとに回線が必要な回線接続型通信に適している．	・並列伝送による伝送容量の増大：スループットの増大 ・アンテナの数を増やせば太い無線伝播路を確保できる． ・ユーザ間で同一伝播路をシェアする，パケット通信に適している．

表 10.3　アンテナ構築の考え方

AAS方式	MIMO方式
アンテナの放射指向性が重要	素子アンテナ間の独立性が重要
キャリブレーションが必要	キャリブレーションは不要
アンテナ間の空間相関が必要：素子アンテナ間の相対位相や振幅制御が必要	アンテナ間の空間相関は低くなければならない．
複数本のアンテナを用いるが，各素子アンテナの特性は揃える必要がある．	複数本のアンテナを用いるが，各素子アンテナの特性を揃える必要はない．

写真 10.1　MIMOの技術を用いた無線LANルータとカード（写真提供：バッファロー）

写真10.1に，MIMOの技術を採用した無線LANルータとカードの製品を紹介する．

10.5　ArrayComm‐MAS方式

　WiMAXフォーラムでは，IEEE 802.16eのスマートアンテナの実装プロファイルを検討している．ArrayCommは，AAS方式とMIMO方式を組み合わせた（写真10.2），図10.28に示すようなMAS（Multi-Antenna Signal processing）方式のアンテナを開発した．ArrayCommのスマートアンテナシステムは，国内では写真10.3に示すようなPHS基地局用アンテナの導入実績（1998年）がある．

　従来のMIMO方式を用いたシステムは，信号を複数回送信したりマルチキャリアの送信を行うことにより，リンクの安定性を確保して通信速度を向上させているが，複数のセルが同一の周波数を共有するWiMAXのようなネットワーク環境では，複数のユーザのリンクは向上しても干渉が増大することによりネットワーク容量が減少し，総合的な通信品質を低下させる．MAS方式では，AAS方式をMIMO方式と併用することにより，MIMO方式の長所をネットワーク環境でも活かすことができる．

写真10.2　ArrayComm‐MAS方式のアンテナ（写真提供：ArrayComm）

148　第10章　スマートアンテナ技術

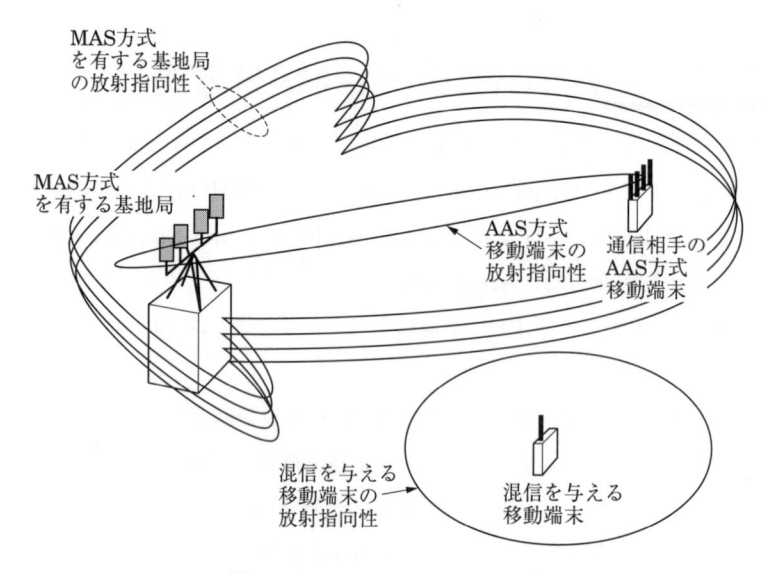

図 10.28　ArrayComm・MAS方式

写真 10.3　PHS基地局用スマートアンテナ（写真提供：ArrayComm）

10.5 ArrayComm-MAS方式

ArrayComm-MAS方式を採用したWiMAXにおける基地局の構成を図10.29に，端末側の構成を図10.30に示す（ArrayCommの資料より）．

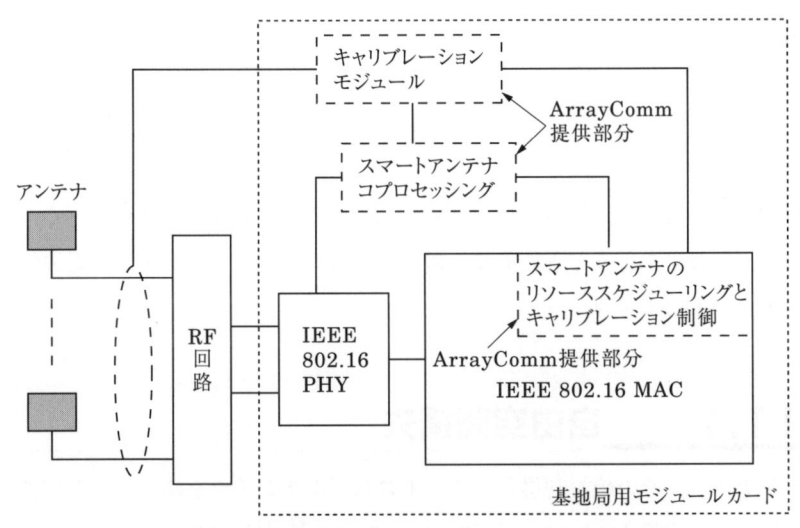

図10.29 WiMAX基地局用ArrayComm-MASの構成

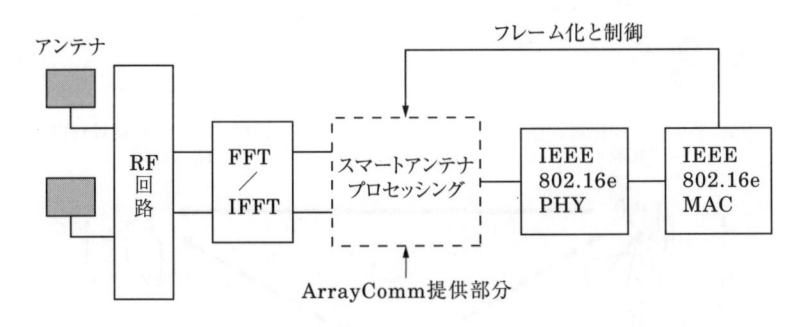

図10.30 WiMAX端末用ArrayComm-MASの構成

第11章

電波伝搬

　無線通信の場合は，通信距離が長くなればなるほど電波は減衰していく．本章では，回線設計を行うときの電波伝搬損失の計算について説明する．電波伝搬のモデルを図11.1に示す．

11.1　自由空間損失

　アンテナは，その絶対利得（アイソトロピックアンテナを基準にした利得）に比例した有効面積 A_e（Antenna Effective Area）を有しており，それは以下の式で与えられる．

$$A_e = \frac{Ga \cdot \lambda^2}{4\pi} \tag{11.1}$$

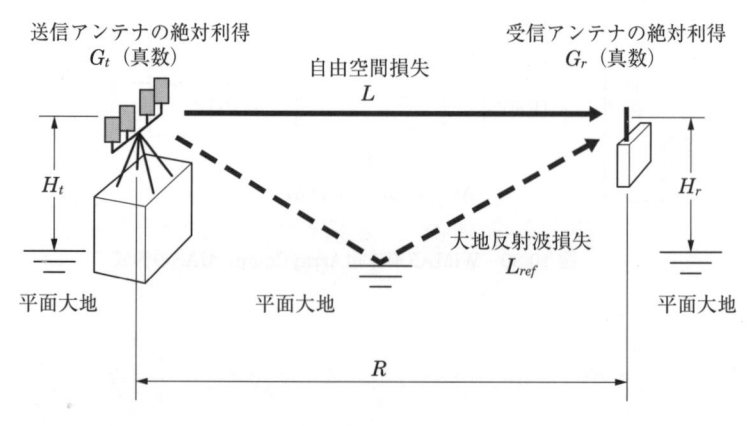

図 11.1　電波伝搬のモデル

11.1 自由空間損失

ここで,

$$\begin{cases} G_a : \text{アンテナの絶対利得〔真数〕} \\ \lambda : \text{自由空間中の1波長} \end{cases}$$

である.

受信アンテナで受け取れる電力 P_r は,前述のアンテナの有効面積に電力束密度を乗じたものとなるので,

$$P_r = F \cdot A_e \tag{11.2}$$

となる.ここで,

$$\begin{cases} F : \text{電力束密度〔W/m}^2\text{〕} \\ P_r : \text{受信電力〔W〕} \\ A_e : \text{アンテナの有効面積〔m}^2\text{〕} \end{cases}$$

である.

以下に自由空間での電波の伝搬損失を導出する.

一般に,絶対利得が G_t (真数) の送信アンテナの有効面積 A_{et} は,

$$A_{et} = \frac{G_t \cdot \lambda^2}{4\pi} \tag{11.3}$$

で与えられる.このときのアンテナの指向性角 θ_t は,

$$\theta_t = \frac{\lambda}{\sqrt{A_e}} = \frac{\lambda}{\sqrt{\dfrac{G_t \cdot \lambda^2}{4\pi}}} = 2\sqrt{\frac{\pi}{G_t}} \text{〔rad〕} \tag{11.4}$$

である.このアンテナで電力 P_t を送信したとき,距離 R (ここで $R \gg \dfrac{\lambda}{2\pi}$ とする) にある受信点における電力束密度 F_ρ は,

$$F_\rho = P_t \cdot \frac{\dfrac{G_t \cdot \lambda^2}{4\pi}}{(\lambda R)^2} = P_t \cdot \left(\frac{G_t}{4\lambda R^2}\right) \tag{11.5}$$

となり,これを絶対利得 G_r (真数) の受信アンテナで受信すると,その受信アンテナの有効面積 A_{er} は,

$$A_{er} = \frac{G_r \cdot \lambda^2}{4\pi} \tag{11.6}$$

であるので，受信される電力 P_r は，

$$P_r = P_t \cdot \left(\frac{G_t}{4\pi R}\right) \cdot \left(\frac{G_r \cdot \lambda^2}{4\pi}\right) = P_t \cdot \left(\frac{\lambda}{4\pi R}\right)^2 \cdot G_t \cdot G_r \tag{11.7}$$

となる．ここで，送信電力 P_t を単位電力（1）とし，送信アンテナの絶対利得 $G_t = 1$（真数），受信アンテナの絶対利得 $G_r = 1$（真数）とすると，式(11.7)は，送信源から R の距離にある受信点までの伝搬損失 L となる．

$$L = \left(\frac{1}{4\pi R^2}\right) \cdot \left(\frac{1 \cdot \lambda^2}{4\pi}\right) = \left(\frac{\lambda}{4\pi R}\right)^2 \tag{11.8}$$

これをデシベルで表すと，

$$L \, [\mathrm{dB}] = 10 \log \left(\frac{\lambda}{4\pi R}\right)^2 = 20 \log \left(\frac{\lambda}{4\pi R}\right) \tag{11.9}$$

となる．

実際の地球は球状をしており，また，大気の屈折も考慮しなければならない．この標準大気見通し距離 D（電波伝搬の限界距離）は，送信アンテナの地上高を $H_t \, [\mathrm{m}]$，受信アンテナの地上高を $H_r \, [\mathrm{m}]$ とすると，以下の近似式で与えられる．

$$D \, [\mathrm{km}] \approx 4.12 \sqrt{H_t \, [\mathrm{m}] \, H_r \, [\mathrm{m}]} \tag{11.10}$$

11.2　平面大地反射波の影響

実際の無線通信回線を考えると，受信側では，送信側からの直接波と電波の平面大地による反射波が合成され，損失が増える．送信電力を単位電力（1）とし，送信アンテナの絶対利得 $G_t = 1$（真数），受信アンテナの絶対利得 $G_r = 1$（真数）とすると，その反射の損失分 L_{ref} は，

$$L_{ref} \, [\mathrm{dB}] = 20 \log \left| 2 \sin \left(\frac{2\pi \cdot H_t \cdot H_r}{R\lambda}\right) \right| \tag{11.11}$$

となり，式(11.9)と式(11.11)を加えたものが伝搬損失となる．

11.3 フリスの伝搬損失計算式

送信電力を単位電力（1）とし，送信アンテナの絶対利得$G_t=1$（真数），受信アンテナの絶対利得$G_r=1$（真数），通信周波数をf〔MHz〕とすると，フリスの伝搬公式で有名なフリス（H.T.Friis）が提案している伝搬損失L_{friis}を与える式は，以下のようになる．

$$L_{friis}〔\mathrm{dB}〕 = 20\log\left(\frac{4\pi\sqrt{R^2-(H_t-H_r)^2}}{\lambda}\right) \tag{11.12}$$

11.4 奥村・秦モデルの都市部の伝搬損失

実際の伝搬路には，建物などの障害物が存在する．そのような場所での伝搬損失の計算式として，奥村・秦の計算式（都市部）が提案されている．送信電力を単位電力（1）とし，送信アンテナの絶対利得$G_t=1$（真数），受信アンテナの絶対利得$G_r=1$（真数），通信周波数をf〔MHz〕とすると，都市部の伝搬損失L_{city}は以下の式より求められる．

$$\begin{aligned} L_{city}〔\mathrm{dB}〕 = &\, 69.55 + 26.16\log(f) - 13.82\log(H_t) \\ &-\{1.11\log(f)-0.7\}H_r - \{1.56\log(f)-0.8\} \\ &+\{44.9-6.55\log(H_t)\}\cdot\log\frac{R}{1000} \end{aligned} \tag{11.13}$$

11.5 奥村・秦モデルの郊外の伝搬損失

郊外での伝搬損失の計算式として，奥村・秦の計算式（郊外）が提案されている．送信電力を単位電力（1）とし，送信アンテナの絶対利得$G_t=1$（真数），受信アンテナの絶対利得$G_r=1$（真数），通信周波数をf〔MHz〕とすると，郊外の伝搬損失L_{sub}は以下の式より求められる．

$$\begin{aligned} L_{sub}〔\mathrm{dB}〕 = &\, 64.15 + 26.16\log(f) - 13.82\log(H_t) \\ &-\{1.11\log(f)-0.7\}H_r - \{1.56\log(f)-0.8\} \end{aligned}$$

$$+\{44.9-6.55\log(H_t)\}\cdot\log\frac{R}{1000}-2\left(\log\frac{f}{28}\right)^2 \qquad (11.14)$$

11.6　秦モデル（拡張版）の都市部の伝搬損失

　都市部の過密度をパラメータとして取り込んだ伝搬損失の計算式として，拡張版の秦の計算式（都市部）が提案されている．送信電力を単位電力（1）とし，送信アンテナの絶対利得 $G_t=1$（真数），受信アンテナの絶対利得 $G_r=1$（真数），通信周波数を f〔MHz〕，都市の過密度係数を CM（0～3dB 程度）とすると，都市部の伝搬損失 L_{hata} は以下の式より求められる．

$$\begin{aligned}L_{hata}〔\mathrm{dB}〕=&\ 46.3+33.9\log(f)-13.82\log(H_t)\\&-\{1.11\log(f)-0.7\}H_r-\{1.56\log(f)-0.8\}\\&+\{44.9-6.55\log(H_t)\}\cdot\log\frac{R}{1000}+\mathrm{CM}\end{aligned} \qquad (11.15)$$

　上記の電波伝搬を計算する式は，伝搬ルートの正確なモデル化ができないため，電波伝搬状況を検討するときのあくまでも参考値である．式(11.15)を用いて，基地局側アンテナの地上高 15m，移動端末側アンテナの地上高 1m としたときの 2.5GHz 帯における伝搬損失を計算したグラフを図 11.2 に示す．

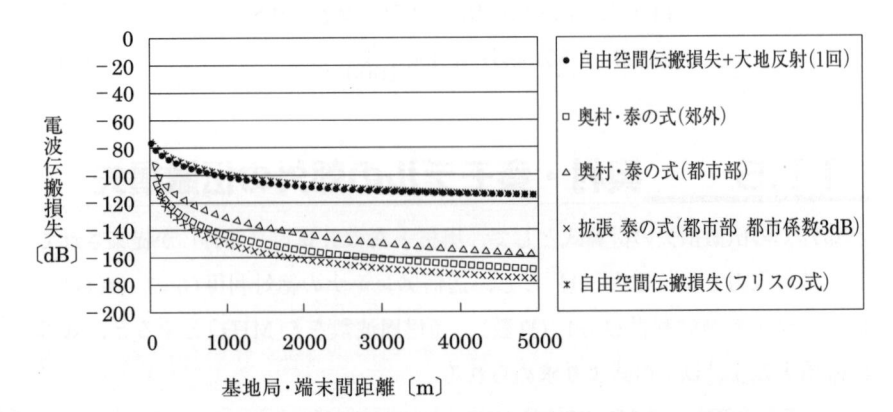

図 11.2　送信アンテナ高 15m，受信アンテナ高 1m の伝搬損失（2.5GHz 帯）

11.7　フェージング

　図11.1の電波伝搬のモデルに示すように，通信では送信局から受信局に向けて電波を送出すると，送信アンテナから受信アンテナに向かって最短距離で直接電波が入射される直接波と，大地などによる反射経路から電波が入射されるマルチパスがある．このとき，受信アンテナには直接波とマルチパス両方の電波が入射するが，この直接波とマルチパス間の電波伝搬時間のずれにより生ずる位相差により，その合成信号の大きさが決まる．すなわち，位相が同相であれば信号は強め合うが，位相差が逆相では弱め合う．移動通信の場合は，直接波もマルチパスも時々刻々と変化するので，その合成信号の強さも時間と共に変化する．この現象をフェージング（Fading）と呼ぶ．

　周波数帯域が狭い通信では，フェージングの影響は，図11.3に示すように，その通信の帯域内では同様に変化する．このフェージングをフラットフェージングという．一方，広帯域通信では，図11.4に示すように，その通信の帯域内ではフェージングの影響が周波数により異なる．このフェージングを周波数選択性フェージングという．

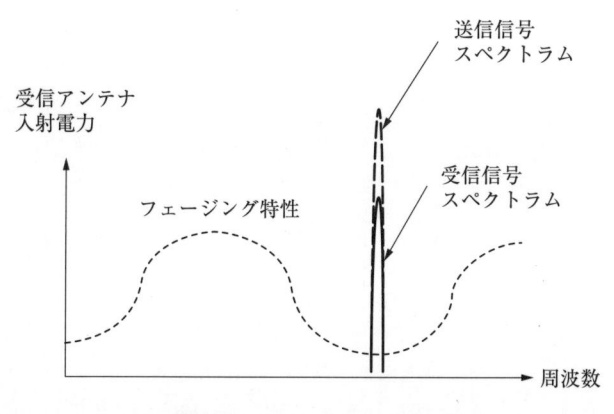

図 11.3　フラットフェージング

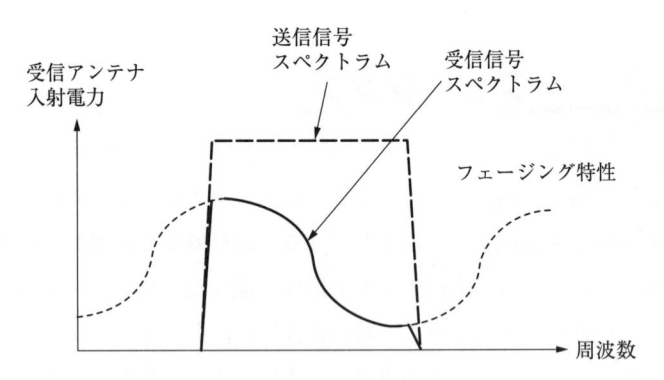

図 11.4 周波数選択性フェージング

　第10章で述べたMIMO方式では，個々のアンテナ間では独立なフラットフェージングである（空間相関が低い）ことが無線伝送の条件となる．MIMO方式では，周波数選択性フェージングによる信号の歪は復元できない．

第12章

ワイヤレスブロードバンドの今後の課題

ワイヤレスブロードバンド社会において，今後の課題や技術に対する期待などを以下に列記する．

12.1　周波数の有効利用

(1) 割当周波数帯幅の見直し

　今後，総務省は，ワイヤレスブロードバンドに対応した広帯域の周波数帯を新たに作り出していくことを検討している．現在，断続的に割り当てられている通信チャンネルや，システム的に古い技術の無線設備で今後あまり使われないと予想される周波数帯から割当周波数の見直しを行い，空き周波数の創出を行う．しかし，電波は公共性の高いものであるので，ビジネス主導での周波数の再構築ではなく，人々のためになる周波数の見直しに期待する．

(2) コグニティブ無線

　時間，周波数，空間の三つの資源を，複数の無線通信システムで適応的に，より有効に利用することを目指すコグニティブ無線の検討が必要であろう．

(3) 周波数の有効利用技術の活用

　無線局数のますますの増加を考慮すると，アンダーレイ技術（同じ周波数帯で既存のシステムに干渉を与えない限りにおいて他のシステムを導入し，複数のシステムを共存させる技術）を用い，同じ空間で異なる無線システムの共存が検討されている．下位層にある無線設備は上位層にある無線設備からの混信を受け，その結果，下位層に導入する無線設備の通信の信頼性が低くなる．従って，導入

できるシステムは限られてくるが，周波数の有効利用にはアンダーレイ技術は必要な技術である．

　最近でも，既設の無線システムが存在する周波数で，新たな無線システムの導入がいくつか提案されている．例えば，アマチュア無線の周波数で干渉が懸念される433MHzのアクティブタグ（RFID）などがある．これらのシステムを推進している方のお話を伺うと，その周波数の実情を理解されていなかったり，実証実験の結果がそろわないうちから導入決定をしたい様子も感じられる．推進派の方は，433MHzのアクティブタグについて「アメリカやヨーロッパで導入できるとしている事が，日本で何故できないのか？」と言われていたが，それは日本，アメリカ，ヨーロッパのアマチュア無線の状況がその国ごとに異なっていることも理解しなければならない．433MHz帯RFIDの導入に関しては，アメリカでは433.500～434.500MHzで条件付での検討が行われ，ヨーロッパでは既にこの周波数帯（433.050～434.790MHz）はISM帯として認められている．一方，アマチュア無線の人口が世界一の日本は，ヨーロッパやアメリカと事情が異なり，日本の430MHz帯（430～440MHzで共通の呼び出し周波数は433MHz）は，そのアンテナの小ささが日本の家屋向きであり，小さなハンディトランシーバでも広範囲な交信ができるようにレピータ（中継器）が全国規模で設置されているほか，大学が作製した小型人工衛星をを用いての通信実験，ディジタル通信などいろいろな楽しみ方が存在するので，この周波数を愛好する日本のアマチュア無線家は特に多い．また，残念なことではあるが，この周波数帯の無線機は安価で，現在の販売実態では無線従事者の資格を持たない人でも購入できてしまうことから，この周波数での不法運用局も多く，その問題も深刻である．433MHzのアクティブタグを導入すると，そのアクティブタグ側が，導入後に常に混信問題と直面するであろうことは想像できる．

(4) ナロー化技術

　1チャンネルの使用周波数帯域を，ナロー化技術を用いて狭帯域化し，周波数の有効利用を図る．また，ディジタルでの圧縮技術を用い，伝送する情報量を少なくすることも周波数利用効率の観点から有効であるので，狭帯域アナログ無線

も有効な通信手段である．

(5) システム間のキャリアセンス

同一周波数に複数のシステムを導入する際に，自局が通信を行う周波数をモニタし，他の無線設備からの電波が検知できないときに電波を送信する機能をキャリアセンスという．他の無線局に余計な干渉や妨害を与えないために，キャリアセンスは重要な技術である．

(6) 周波数割当の空中分割によるシステム間の共用

総務省の検討課題にもあるが，衛星通信において陸上系システムの需要の多い地域向けには衛星からの通信チャンネルの割当を減らし，陸上系システムの需要の少ない地域向けには多くの衛星からの通信チャンネルを割り当てることで周波数の有効利用をはかる．

12.2 今後の技術課題と期待

(1) スプリアス低減技術

今まで部品レベルに依存していた不要なスプリアスの抑圧を，今後はディジタル信号処理の技術も併用し，より一層のスプリアス低減の技術を確立し，他の無線局への干渉や混信を抑えていく必要がある．

(2) ソフトウェア無線機，リコンフィギュラブル無線機

今後めまぐるしく無線システムは変化を遂げていくが，現状のようなハードウェア依存型の無線機ではその度に無線機を交換する必要があり，ユーザにとっては費用がかかることである．同じハードウェアを用いて，ソフトウェアの変更により発展していくシステムに対応できるソフトウェア無線機，リコンフィギュラブル無線機などの技術を導入していく必要がある．

(3) ハードウェアや電源への技術進展

ワイヤレスブロードバンド移動端末の送信用電力増幅器（HPA：High Power Amplifier）のプリディストーション技術を導入した高効率化が必須な技術である．また，リコンフィギュラブル無線機で用いられるようになったソフトウェア

により，その機能を変更できるRFICや高性能電池の発展にも期待がかかる．

(4) アンテナのインテリジェント化

アンテナをアレイ化してビームを絞り込むアンテナ技術に，電子回路，ディジタル信号処理技術，ネットワーク技術，無線伝送技術などを融合させたアンテナのインテリジェント化が進んでいる．ワイヤレスブロードバンドの発展には，基地局から移動端末に向けてのビームを絞り込むAAS方式や，大容量伝送を可能とするMIMO方式が導入されるが，これは大きなアンテナ技術の変革点といえる．

(5) アンテナの広帯域化

大容量伝送を想定してミリ波通信の検討を行ってきた中で，総務省は2005年に3～6GHz帯の周波数の再編を検討しはじめた．この周波数で大容量伝送を行うためのアンテナの広帯域化も今後の技術課題となる．

また，周波数を自由に変えられるソフトウェア無線機に使用できる，自由に周波数が対応するアンテナの研究も進むであろう．

12.3　法的な問題点

(1) ソフトウェア無線機の法的問題

ソフトウェア無線機は，ソフトウェアの書き換えによって他の無線システムに対応できる別の機能を持つ無線機に変更できる．しかし日本では，無線機を使用する前に型式認定を取得する必要がある．使用条件を自由にソフトウェアで書き換えることができるソフトウェア無線機の導入は，今後，避けることができないので，電波法的な扱いをどのようにするか，また，無線方式に付随する知的財産に対してどのように対処していくかなど，早急に検討する必要がある．

12.4　その他の希望

(1) ソフトウェア無線専用周波数の検討

周辺の電波環境を観測し，そこに適した変調方式，多元化方式で通信を行える

ソフトウェア無線専用周波数というものがあってもよいのではないかという要望が，アメリカでは産業界からFCCに提出されている．日本でもそのような周波数帯があってもよいと思う．

(2) 第2世代（2G）ライクな携帯電話

携帯電話の普及により，街では公衆電話の数も減ってきている．一方で，携帯電話の高機能化が不必要な人々の間では，簡単携帯がヒットしている．今後，高齢化社会が進み，扱い方が簡単な音声のみの2G携帯電話のような無線移動端末も必要であろう．

(3) バイオメトリクス認証

ICカードやユビキタス無線端末（RFIDなど）を用いて自ら個人情報を発するとき，その情報発信人が本人であるかどうかの判別を，バイオメトリクス（Biometrics：指紋や虹彩，声紋，静脈など生体の特徴を用いて本人確認を行う認証方式）認証を併用して行うことが検討されている．しかし，バイオメトリクス情報は，その情報が外部に一度でも漏れてしまったときに，クレジットカードのように情報が漏れてしまったカードをキャンセルしたり暗証番号を変更することができない個人情報であることを心に留めておかなければならない．本人確認の認証方法も今後の研究課題である．

(4) PLC

PLC（高速電力線通信）への興味も高まっている．最近ではアメリカでも，通信インフラが整っていない地域向で既設の電力線を用いたインターネット接続ができるという電力会社によるPLCのPRが行われていた．しかし，PLCは無線のブロードバンドではないとはいえ，もともと通信用の線ではない信号減衰量の大きな電力線を用いた通信であり，日本の場合は架空配線の電力線（不平衡線路を形成している）がアンテナとなり，周囲の無線通信機器や電子機器などへの干渉問題が心配されている．

総務省は2006年5月22日に，PLCの実用化に向けての技術基準などを検討する「第4回 高速電力線搬送通信設備小委員会」を開催した．この委員会は2006年5月中旬に，同委員会が許容値案としている電源線端子の通信状態における2

〜30MHzの範囲でのコモンモード電流の準尖頭値が30dBμA以下の電力線モデムを用いて通信実験を行った．その結果，高層住宅（鉄筋コンクリートの建物）から漏えいする電磁波は周辺の環境雑音以下で問題とはならなかったが，鉄骨木造住宅や木造住宅では，15MHz以上の周波数で環境雑音より大きな漏えい電磁波が観測された．この結果を受け，同委員会では，座長が2〜15MHzの範囲でのコモンモード電流の準尖頭値が30dBμA以下，15〜30MHzの許容値を20dBμAに下げることを提案した．しかし，日本アマチュア無線連盟からは「実証実験を行ったのは昼であり，昼と夜では環境雑音に10dB近い差がある」という意見や，国土交通省からは「航空管制官は環境雑音より6dB低いレベルの雑音が発生してもノイズが増えたと感じるとの実験結果が出た」などのコメントも出されているようである．このような意見や現場からのコメントにも耳を傾け，学識経験者，専門家から構成される高速電力線搬送通信設備小委員会の方々には十分な論議を期待したい．

付　録

本書で述べた内容を整理する．

（1）移動性と通信速度による分類

　ワイヤレスブロードバンドシステムを移動性と通信速度の観点から整理すると，図F.1のように分類できる．

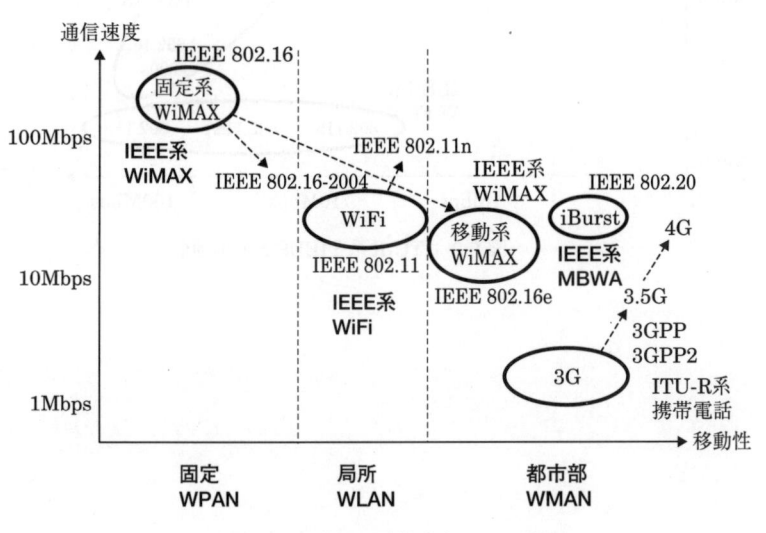

図 F.1　移動性と通信速度による分類

（2）通信速度と移動速度による分類

　ITU-R系とIEEE系移動通信の各々の広帯域移動無線アクセスシステムは，通信速度と移動速度の観点から整理すると，図F.2のように分類できる．

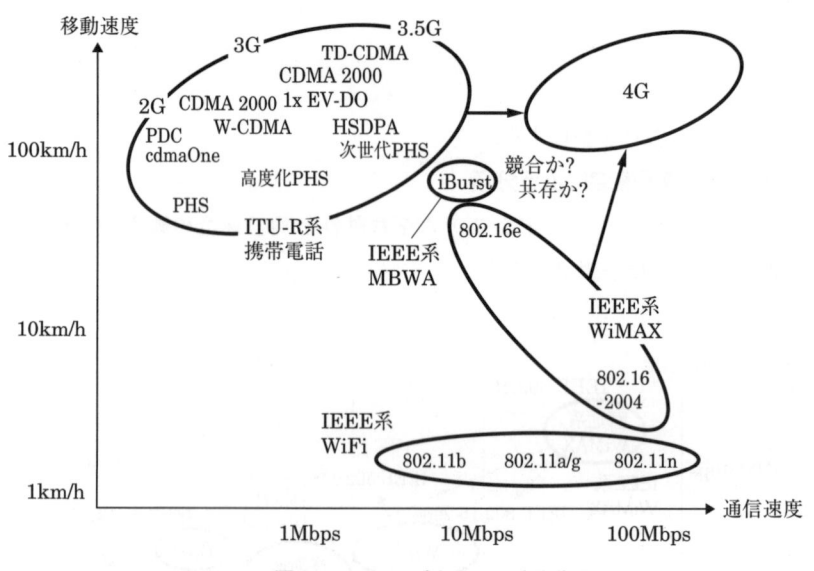

図 F.2　ITU-R系とIEEE系移動通信

(3) 通信速度とカバーエリアによる分類

　ITU-R系とIEEE系移動通信の各々の無線アクセスシステムは，通信速度とカバーエリアの観点から整理すると，図F.3のように分類できる．

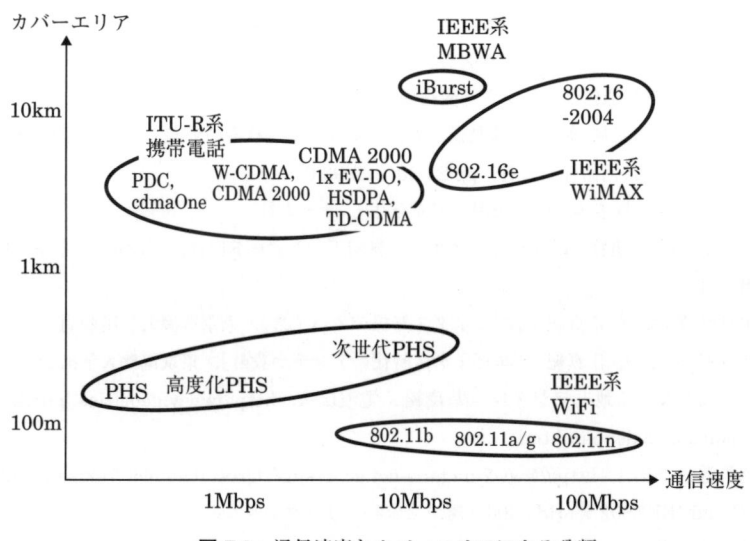

図 F.3　通信速度とカバーエリアによる分類

参考文献

(1) 第54回電波利用懇話会資料，電波産業会
(2) 電波高度利用シンポジウム2005予稿集，総務省，電波産業会
(3) 庄納 崇：「ワイヤレスブロードバンド時代を創るWiMAX」，インプレス
(4) 日経コミュニケーション2005.11.1～2006.3.15，日経BP社
(5) 山内 雪路：「スペクトラム拡散通信」（第2版），東京電機大学出版局
(6) 石井 聡：「無線通信とディジタル変復調技術」，CQ出版社
(7) 塚本 信夫，根日屋 英之：「移動通信方式の進展と関連技術の動向」，日本学術振興会（招待講演），第35回研究会資料，pp.23-30，（1993/6）
(8) 根日屋 英之，塚本 信夫：「DSPの無線応用」，オーム社
(9) 根日屋 英之，植竹 古都美：「ユビキタス無線工学と微細RFID」（第2版），東京電機大学出版局
(10) 根日屋 英之，小川 真紀：「ユビキタス無線ディバイス」，東京電機大学出版局
(11) 根日屋 英之，小川 真紀：「ユビキタス時代のアンテナ設計」，東京電機大学出版局
(12) ボクにもわかる地上デジタル - 基礎編 - 電波伝搬，http://www.geocities.jp/bokunimowakaru/kiso-denpan.html
(13) 携帯電話の歴史，http://www2.nagano-nct.ac.jp/~jig/TQresults/40660/rekishi.html
(14) 4G and IEEE802 World 2006 講演会資料，リックテレコム
(15) 情報通信審議会 情報通信技術分科会 UWB無線システム委員会報案，2006年2月2日，http://www.soumu.go.jp/s-news/2006/pdf/060202_2_1.pdf
(16) 塚本 信夫，根日屋 英之，「移動通信方式の進展と関連技術の動向」，1993年6月 日本学術振興会 弾性波素子技術第150委員会，第35回研究会資料 1997年6月，pp.23～30
(17) 根日屋 英之，平部正司，「無線通信用アンテナ技術徹底解説」テキスト，2005年4月15日，2005年9月8日，2006年4月13日，電子ジャーナル
(18) K.Maruhashi, S.Kishimoto, M.Ito, K.Ohta, Y.Hamada, T.Morimoto, H.Shimawaki, "Wireless Uncompressed -HDTV- Signal Transmission System Utilizing Compact 60GHz Band Transmitter and Receiver", IEEE MTT-S International Microwave Symposium, Digest, pp.1867-1870, Long Beach, Jun.2005

索引

【ア行】

アクティブタグ　158
アダプティブアレイアンテナ
　　　　　　　20, 30, 40, 126
アダプティブアンテナシステム　125, 126
圧縮技術　158
アドバンスドアンテナシステム　126
アドホック　9, 55
　――ネットワーク　58
アナログ／ディジタル変換　133
アナログ変調　97
アナログ方式　15
アナログ方式携帯電話　15
アバランシェフォトダイオード　80
アマチュア無線　158
誤り訂正　97
アレイアンテナ　125
アレイファクタ　130
暗号化　97
安全・安心ITS　55
安全・安心高度化ITS　55
アンダーレイ技術　157

位相　96
　――変調　97
　――連続FSK　101
移動性　163
移動速度　164
移動通信システム　6

移動電話　15
インパルス　69
インパルス方式　71

ウェイト制御　131

衛星通信　6
映像多重伝送システム　78

奥村・秦の計算式　153
オムニセル　123
音声符号化　17

【カ行】

回線設計　150
開ループ型MIMO　140
拡張版の秦の計算式　154
可視光　85
　――通信　85
　――通信コンソーシアム　85
ガードインターバル　118
カーナビゲーション　87
カバーエリア　165
可変アッテネータ　131
可変移相器　131
可変拡散率OFDM　30
可変拡散率・チップ繰り返しファクタ
　　CDMA　30
簡易型携帯電話　19

韓国版WiMAX　34
干渉軽減技術　70

擬似雑音コード　18
気象レーダ　6
逆送合成　130
キャリア　96
　——センス　159
狭帯域アナログ無線　158
局所　10
近距離無線通信システム　72

空間　95
　——光通信　i，80
　——ストリーム　136
　——相関　137
　——ダイバーシチ　142
　——フィルタリング　136
　——分割多元接続　116
空港無線電話　6
空中分割　159

型式認定　92，160
携帯電話　32

広域　9
高周波回路　91
合成器　12
高精度レーダ　69
高速FH　114
高速フーリエ逆変換　118
高速並列可視光通信　85
広帯域移動無線アクセス　32
広帯域通信　81
光電子増倍管　80
高度化3G　26
　——携帯電話　8

高度化DS-CDMA　9，47，53
高度化PHS　34，38
小型人工衛星　158
コグニティブ無線　93，157
個人　9
　——情報　161
固定通信　6
固定ワイヤレスアクセス　34
コードレス電話　19

【サ行】

最小平均2乗誤差法　138
最尤検出法　139
サブキャリア　12，117

時間　94
指向性係数　131
事故防止支援　58
次世代PHS　8，32，34，40
次世代情報家電　3，65
次世代無線LAN　69
実効輻射電力　71
自動交換接続　15
自動車電話システム　15
時分割多元接続　110
時分割複信　107
車載器　61
車車間通信　9
　——システム　55，57
車両制御支援　58
終端装置　5
集合型電送装置　5
周波数　94，96
　——シンセサイザ　114
　——選択性フェージング　137，155
　——分割多元接続　109
　——分割多重　118

索 引

――分割複信　107
――変換器　133
――変調　97
――ホッピング　110, 114
――割当てプラン　33
受光素子　13
受信群　12
受信素子アンテナ　13
手動交換接続　15
準天頂衛星通信システム　7
上下対称フレーム　40
衝突防止ミリ波レーダ　56
情報家電　7, 63
情報交換　58
情報の圧縮　97
照明光通信　85
ショルダーフォン　15
自律型システム　56
信号処理　97
振幅　96
振幅変調　97

スケーラブル直交周波数分割多元接続　121
ストリーミング　63
スーパー3G　26, 28
スプリアス低減の技術　159
スマートアンテナ　24, 124
スルーウォールセンサ　69, 72

制御負荷　124
赤外線　82
赤外線通信　83
セクタアンテナ　123
絶対利得　150
セルラーシステム　123

送信群　12

送信素子アンテナ　13
双方向通信　106
ソフトウェア無線　90, 159
――専用周波数　160
ソフトハンドオーバ　23

【夕行】

第1世代　15
第2.5世代携帯電話　21
第2世代　16
第3世代携帯電話　14, 21
第4世代移動通信システム　3
第4世代携帯電話　i, 30
大ゾーン方式　15
ダイバーシチ受信　23
多元接続　96
――技術　108
多重化　96, 97
多値変調　97
ターボ符号　144
単信　107
単方向通信　106

地域防災無線　6
地域利用　9
遅延検波　101
遅延時間　118
遅延ダイバーシチ方式　142
地上波アナログ放送　7
地上波ディジタル音声放送　7
地上波ディジタル放送　7
地上波テレビジョン　7
地中レーダ　69, 72
チャンネル状態情報　140
チャンネル符号化　27
直接拡散　110
――方式　113

直交　118
　——周波数分割多元接続　120
　——周波数分割多重　117
　——振幅変調　105

通信実験　158
通信速度　163，164，165
通信標準化団体　21

ディジタル信号処理回路　91
ディジタル信号処理技術　133
ディジタル変調　97
ディジタル方式　16
ディジタル方式携帯電話　16
低速FH　114
低速UWB　74
適応変復調　27
適応変復調方式　29
データ自動再送要求　27
デュアルBPSK　23
電気通信事業者　6
電子タグ　7
電波産業界　7
電波伝搬　150
電波伝搬損失　150
伝搬損失　152
電力線　5
　——モデム　162
電力束密度　151
電力対干渉及び雑音電力比　138

等化等方輻射電力　71
同期検波　101
同相合成　130
登録制度　9
特異値分解法　140
都市の過密時係数　154

都市部　9
トランシーバ　19
トレリスベース　144

【ナ行】

ナロー化技術　158

ヌルステアリング　126，134

【ハ行】

バイオメトリクス認証　161
ハイパートークCODEC　18
ハイブリッドARQ　27，53
発光素子　12
発光ダイオード　80
波動方程式　96
ハーフレートCODEC　17
パワーコントロール　24
搬送波　96
ハンドオーバ　42，123
　——機能　15

光タグ　88
光ファイバ　4
ピコセル　124
非線形変調　100
ビタビ符号　144
ビーム　125
　——スイッチング　126
　——ステアリング　126
　——フォーミング　125，134
標準大気見通し距離　152

フェージング　155
フェーズドアレイアンテナ　131
フォトダイオード　80
フォトトランジスタ　80

索 引

フォトマルチプライヤ　80
複信　107
復調　96
副搬送波　12
符号化率　49
符号分割多元接続　110
不平衡線路　161
不法運用局　158
フラットフェージング　137, 155
フリスの伝搬公式　153
プリディストーション技術　159
フルレートCODEC　17
ブロードバンド　i
　——無線アクセス　34
分配器　12
分離アルゴリズム　137

閉ループ型MIMO　140
ベースバンド信号処理　134
ベースバンドディジタル信号処理　91
変調　96
偏波面分割多元接続　116
変復調　96

包絡線検波　96
ポジショニングサービス　87

【マ行】

マイクロセル　124
マルチキャリアFDMA　50
マルチキャリア化　24
マルチパス　155
マルチバンドOFDM　73, 74
マルチビーム　126
マルチユーザOFDM　31
ミリ波　78
　——レーダ　9, 56

無線LAN　i, 6, 8, 10, 65
無線MAN　10
無線PAN　10
無線WAN　10
無線アクセスシステム　3
モバイルADSL　24
モバイルWiMAX　31
モバイルオフィス　8
モバイルホーム　8

【ヤ行】

有効面積　150
有線ブロードバンド　2
有線ブロードバンド代替システム　47
ユビキタス可視光通信　85
ユビキタスネットワーク　i

【ラ行】

リコンフィギュラブル　92
　——RFIC　92
　——無線　159

レーザ光　85
レーザダイオード　80

漏洩光ファイバ列車通信　85
路車間通信　9, 55, 59
路側器　59

【ワ行】

ワイヤレスブロードバンド　2
ワイヤレスリモコン　85

【英数字・記号】

16QAM　36, 105
1G　15
1x HDR　23

索 引

1x MC 23
256QAM 105
2.5G 21
2Gライクな携帯電話 161
3.5G 26
3.9G 26, 28
3G 14, 21
3GPP 21
3GPP2 21
3x MC 23
4G 30
4G携帯電話 8
4x 38
64QAM 36, 105
64Walshコード 18
8x 38

AAA 126
AAA-BF法 135
AAS 125, 126, 160
ABC 30
ADPCM 19
ADSL i, 1, 3
Advanced PHS 38
A/D変換器 91
AHS 61
Alamouti符号化 143
AM 97
AMC 27, 48, 53
AMPS 16
ANSI/ATIS 50
AOA 78
APD 80
ARIB 7, 21
ARIB STD-34 69
ARIB STD-T33 68
ARIB STD-T66 68

ARIB STD-T71 68, 69
ARIB STD-T75 61
ARQ 27, 30
ASK 60, 78, 84, 97, 98
ASTM 61

B3G 30
Beyond IMT-2000 30
Bluetooth 11
BPSK 102
BWA 34

C2CCC 62
Car TALK 2000 62
CATV 1, 3, 4
CCK 68
CCK-OFMDM 68
CDG 23
CDMA 17, 110
CDMA 2000 14
CDMA 2000 1x 14, 23
CDMA 2000 1x EV-DO 14
CDMA 2000 1x EV-DO Rev.0 28
CDMA 2000 1x EV-DO Rev.A 28
CDMA 2000 1x EV-DO Rev.B 28, 29
CDMA 2000 3x 23
CDMA/FDD 18, 23
cdmaOne 14, 17
CDMA方式 113
CODEC 17
CPFSK 101
CSI 140
CSMA/CA 68
CWTS 21
Cyclic Prefix 142

DASK 84

索 引

D/A変換器　91
DIC　61
Digital AMPS　17
DLNA　65
DOA　135
DPSK　105
DS-CDMA　21
DSRC　59，60，61，87
DS-SS　68，73，110
DS-UWB方式　71，73
Duplex　107
Dynamic TDMA　68

EIA/TIA　19
EIRP　71
ERP　71
ETC　56，60
ETRI　44
ETSI　21，62
EVRC　19

FCC　61
FCC Rule Part15　72
FDD　17，107
FDM　118
FDMA　15，109，114
FEC　30，54
FH　110，114
FIR　83
Flash-OFDM　8，32，34，37
FM　97
FOMA　22
FSK　97，99
FTTH　i，1，3，4
FTTR　3，4
FWA　34，48
FWA-WiMAX　49

G.992.1　4
G.992.2　4
G.dmt　4
G.lite　4
GMSK　101
Gold符号発生回路　111
GPRS　21
GSM　17

HC-SDMA　50
HDR　28
HiCap　15
HPA　159
HSDPA　9，26，27，45，53
HSOPA　28
HSUPA　28

iBurst　i，8，32，34，41，47，50
iBurst実験局　41
iBurstフォーラム　52
IEEE 1609　61
IEEE 802.11　67
IEEE 802.11a　11，67
IEEE 802.11b　11，68
IEEE 802.11e　68
IEEE 802.11g　11，68
IEEE 802.11j　69
IEEE 802.11n　11，69
IEEE 802.11p　61
IEEE 802.15.1　11
IEEE 802.15.4　11
IEEE 802.15.4a　73
IEEE 802.15.TG3a　11，73
IEEE 802.16-2004　35，47，48
IEEE 802.16a　35
IEEE 802.16e　8，32，34，35
IEEE 802.16e-2004　9

IEEE 802.20　37
IMT-200　14
IMT-Advanced　30
IP技術　24
IP電話　45
IPネットワークインタフェース　41
IR　73
IrCOMM　83
IrDA　83
IrLAN　83
IrLPT　84
IrPHY　83
IS-127　19
IS-136　17
IS-54　17
IS-95　17
IS-95B　23
IS-95C　23
ISDN　i, 19
ISM　66
ITS　7, 55, 61
ITS可視光通信　85
ITU　14
ITU-R M.1457　21
ITU-R M.1645　30
ITU-T L113　1

LAN　10
LD　80
LDPC　144
LED　80
LOS　34

MAN　10
MAS方式　147
MBOA　74
MB-OFDM方式　71

MCA陸上移動無線　6
MC-CDMA　21, 23
MIMO
　　　　i, 12, 30, 39, 125, 136, 142, 160
MIMO-MU　142
MIR　83
MISO　142
MLD法　137, 139
MMSE法　137, 138
MSK　101
M系列　18
M系列発生回路　111

NFER　77
NiCT　73
NLOS　35
NMT　16
N-TACS　16
NWA　6

OFCDMA　28
OFDM　i, 12, 36, 39, 117
OFDMA　36, 120
OFDMA-2048　121
OFDM/FDMA　120
OFDM/TDMA　120
OOK　98

PAN　10
PBA　51
PBCC-22　68
PD　80
PDC　14, 17
PDMA　116
PHP　19
PHS　17, 19, 38
PHS MoU　40

索引

PHS基地局用アンテナ 147
PLC 3, 5, 161
PM 97
PN符号 110
PN符号発生器 111
PReVENT 62
PSI-CELP 17
PSK 97

QAM 105
QoS 29
QoSパケット伝送制御 30
QPSK 23, 36, 103

RAKE 23
RAN 30
RFID 7

SC 36
SDM 136
SDMA 31, 51, 116
SDR 90
SDRフォーラム 90
SIC法 139
SIMO 141
Simplex 107
Single Carrier 36
SINR 136
SINR最大法 128, 129
SIR 83
SISO 141
SM 136
SMV 23
SNR最大法 128
SOFDMA 36, 121
Softranceiver 93
Speakeasy 90

SSR 77
STBC方式 143
STC方式 142
STTC方式 144
SVD 140

T1 21
TACS 16
TD-CDMA 23, 24
TDD 107
TDDフレーム 40
TDMA 17, 110
TDMA/FDD 17
TDMA/TDD 19, 51
TDOA 76
TD-SCDMA 24
TIA 21
TOA 75
TOA-OWR 76
TOA-TWR 76
TSTD方式 144
TTA 21
TTC 21

UWB i, 7, 11, 69
UWB無線システム 7, 70

V-BLAST法 137, 138
VCELP 17
VFIR 83
VICS 56, 59
VLCC 85
VoIP 29
VoIP電話 42
VSF-CDMA 31
VSF-OFCDMA 31

WAN　10
WAVE　61
WBS　51
W-CDMA　14
WiBro　10, 34, 44, 45
WiFi　9
WiFiアライアンス　34
WILLWARN　62
WiMAX　i, 9, 24, 32, 34, 47
WiMAXフォーラム　34
WiMedia Alliance　74
WiMedia-MultiBand OFDM Alliance　74
Wireless 1394　69
Wireless UWB　69

WLAN　10
WMAN　10
W-OAM　38
WPAN　10
WRC-2003　7
WRC-2007　30
WWAN　10

xDSL　5

ZF法　137, 138
ZigBee　11

$\pi/4$シフト QPSK　19, 60, 103

〈著者紹介〉

根日屋 英之(ねびや ひでゆき)

1980年に東京理科大学第1部工学部電気工学科卒業，1998年に日本大学大学院（理工学研究科電子工学専攻）博士前期課程修了，2001年に同博士後期課程修了．自動車会社，電機メーカー，大学付属研究所などを経て，1987年に株式会社アンプレットを設立し代表取締役社長に就任，現在に至る．1993年より大韓民国通産部SMIPC無線通信専門家として，韓国のCDMA携帯電話の導入に参加．現在，東京電機大学工学部 電子工学科 非常勤講師，YRP情報通信技術研修 講師も兼務．工学博士

賞　　　2003年度 日本アントレプレナーオブザイヤー（EOY Japan）セミファイナリスト
　　　　2003年度 最優秀ユビキタスネットワーク技術開発賞（EC研究会）

著　書　「ユビキタス無線工学と微細RFID」（東京電機大学出版局）
　　　　「ユビキタス無線ディバイス」（東京電機大学出版局）
　　　　「ユビキタス時代のアンテナ設計」（東京電機大学出版局）
　　　　「DSPの無線応用」（オーム社）
　　　　「RFタグの開発と応用II」（CMC出版）
　　　　「2006 RFID技術ガイドブック」（電子ジャーナル）

小川 真紀(おがわ まき)

1992年に北海道阿寒高等学校卒業，現在，放送大学に在籍．ソフト開発会社，マイクロ波，ミリ波関連コンポーネントメーカー，商社，電子機器メーカーを経て，2004年に株式会社アンプレット 取締役（RF事業部管掌）に就任，現在に至る．主に低消費電力化回路，アレイアンテナ，小形アンテナ，低雑音増幅器などの開発に従事．

著　書　「ユビキタス無線ディバイス」（東京電機大学出版局）
　　　　「ユビキタス時代のアンテナ設計」（東京電機大学出版局）
　　　　「2006 RFID技術ガイドブック」（電子ジャーナル）など

ワイヤレスブロードバンド技術
—— IEEE 802 と 4G 携帯の展開，OFDM と MIMO の技術 ——

2006年7月10日　第1版1刷発行	著　者	根日屋　英之
		小川　真紀

発行所　学校法人　東京電機大学
　　　　東 京 電 機 大 学 出 版 局
　　　　代 表 者　加藤康太郎

〒 101-8457
東京都千代田区神田錦町 2-2
振替口座　00160-5- 71715
電話　(03) 5280-3433（営業）
　　　(03) 5280-3422（編集）

印刷　三立工芸㈱
製本　渡辺製本㈱
装丁　高橋壮一

Ⓒ Nebiya Hideyuki
　Ogawa Maki　2006
Printed in Japan

＊無断で転載することを禁じます．
＊落丁・乱丁本はお取替えいたします．

ISBN 4-501-32530-5　C3055

データ通信図書／ネットワーク技術解説書

ユビキタス無線デバイス
－ICカード・RFタグ・UWB
　・ZigBee・可視光通信・技術動向－
根日屋英之・小川真紀 著
A5判　236頁
ユビキタス社会を実現するために必要な至近距離通信用の各種無線デバイスについて，その特徴や用途から応用システムまでを解説した。

ユビキタス時代のアンテナ設計
広帯域，マルチバンド，至近距離通信のための最新技術
根日屋英之，小川真紀 著
A5判　226頁
ユビキタス通信環境を実現するために必要となる，広帯域通信，マルチバンド，至近距離通信に対応したアンテナの設計手法について解説。

スペクトラム拡散技術のすべて
CDMAからIMT-2000，Bluetoothまで
松尾憲一 著
A5判　324頁
数学的な議論を最低限に押さえることにより，無線通信事業に関わる技術者を対象として，できる限り現場感覚で最新通信技術を解説した一冊。

ディジタル移動通信方式　第2版
基本技術からIMT-2000まで
山内雪路 著
A5判　160頁
工科系の大学生や移動体通信関連産業に従事する初級技術者を対象として，ディジタル方式による現代の移動体通信システムを概説し，そのためのディジタル変復調技術を解説する。

リモートセンシングのための
合成開口レーダの基礎
大内和夫 著
A5判　354頁
合成開口レーダ（SAR）システムにより得られたデータを解析し，高度な情報を抽出するためのSAR画像生成プロセスの基礎を解説。

ユビキタス無線工学と微細RFID　第2版
無線ICタグの技術
根日屋英之・植竹古都美 著
A5判　192頁
広く産業分野での応用が期待されている無線ICタグシステム．これを構成する微細RFIDについて，その理論や設計手法を解説した一冊。

センサネットワーク技術
ユビキタス情報環境の構築に向けて
安藤繁他 編著
A5判　244頁
情報通信端末の小型化・低コスト化により，大規模・高解像度の分散計測システム（センサネットワーク）を安価に構築できるようになった。本書では，その基礎技術から応用技術までを解説している。

スペクトラム拡散通信　第2版
高性能ディジタル通信方式に向けて
山内雪路 著
A5判　180頁
次世代無線通信システムの基幹技術となるスペクトラム拡散通信方式について，最新のCDMA応用技術を含めてその特徴や原理を解説。

MATLAB/SimulinkによるCDMA
サイバネットシステム　・真田幸俊 共著
A5判　186頁
次世代移動通信方式として注目されているCDMAの複雑なシステムを，アルゴリズム開発言語「MATLAB」とブロック線図シミュレータ「Simulink」を用いて解説。

GPS技術入門
坂井丈泰 共著
A5判　224頁
カーナビゲーションシステムや建設，農林水産，レジャーなど社会システムのインフラとして広く活用されているGPS技術の原理や技術的背景を解説した一冊。

画像処理技術関連図書

カラー画像処理とデバイス
ディジタル・データ循環の実現

画像電子学会 編
A5判　354頁
テレビやデジカメなどネットワーク機能を備えた機器における高画質の確保などの解決に必要な画像・信号処理技術について解説。

電子透かし技術
デジタルコンテンツのセキュリティ

画像電子学会 編
A5判　232頁
一般的な文書から各種画像、音楽情報における電子透かし、またはステガノグラフィや生体認証など周辺の技術までを網羅して解説。

画像処理応用システム

精密工学会画像応用技術専門委員会 編
A5判　272頁
重要な基礎技術として各分野に広く波及する画像処理応用技術。精密工学会画像応用技術専門委員会の10年以上にわたる知見をまとめた，技術者・研究者必携の一冊。

ディジタル情報流通システム
コンテンツ・著作権・ビジネスモデル

画像電子学会 編／曽根原登 著
A5判　308頁
ブロードバンドが一般に普及した社会におけるディジタルコンテンツの生産・流通・消費の技術とサービスの課題を明らかにして、その技術的解決方法について解説した。

マルチメディア通信工学

村上伸一 著
A5判　218頁
マルチメディア通信技術を基礎からやさしく解説した入門書。インターネットや携帯電話の普及にともなう新技術までを取り上げた。

指紋認証技術
バイオメトリクス・セキュリティ

画像電子学会 編
A5判　220頁
実用的な生体認証（バイオメトリクス）技術の代表である指紋認証に関する技術解説。

可視化情報学入門
見えないものを視る

可視化情報学入門編集委員会 編
A5判　228頁
可視化情報学とは、目に見えない情報を目に見える情報として取り出し、現象の解明に利用する学問である。本書は、この学問の内容を多岐にわたって紹介する入門書である。

指紋認証技術
バイオメトリクス・セキュリティ

画像電子学会 編
A5判　220頁
実用的な生体認証（バイオメトリクス）技術の代表である指紋認証に関する技術解説。

ディジタル放送技術

松尾憲一 著
A5判　160頁
ディジタル映像、音響機器、ディジタル通信にも関連するディジタルテレビジョンの基礎技術を分かりやすく解説。

画像処理工学

村上伸一 著
A5判　182頁
初めて画像処理工学を学ぶ人を対象として、その技術の概要および応用技術について解説。理工系大学・大学院における画像処理技術の入門的教科書としてまとめた。

＊定価、図書目録のお問い合わせ・ご要望は出版局までお願い致します。

インターネット／eラーニング

スモールワールド
ネットワークの構造とダイナミクス

ダンカン・ワッツ 著
A5判 316頁
スモールワールド現象について論じた最初の書籍。その後のスモールワールドという新しい知見を獲得するプロセスが興味深く解説されている。

メタデータとセマンティックウェブ

曽根原登 編著
A5判 248頁
メタデータやセマンティックウェブの普及した背景から，基礎となる技術，標準化動向，実際の応用事例まで網羅。理論的・技術的理解を深め，ビジネスへの活用法を示唆する。

ブレンディッドラーニングの戦略
eラーニングを活用した人材育成

ジョシュ・バーシン 著
A5判 290頁
eラーニング先進国・アメリカで企業内教育と数々のコンサルティングを務めてきた著者が，人材育成を合理的かつ効果的に成功させる秘訣を紹介。

eラーニング専門家のためのインストラクショナルデザイン

玉木欽也 監修
A5判 210頁
実践教育におけるノウハウを結集した新しいインストラクショナルデザイン入門書。ID基礎理論，教育手法と学習環境デザイン，5職種のeラーニング専門家の人材像とスキルを詳解。

eラーニング導入ガイド

日本イーラーニングコンソシアム 編
A5判 186頁
eラーニングの導入に必要となる，社内了解の取り付け方から社風にあわせたやり方，外部業者の選定，運用から効果の測定・評価までを解説。

インターネットと＜世論＞形成
間メディア的言説の連鎖と抗争

遠藤薫 編著
A5判 362頁
インターネットが新たなコミュニケーション手段として組み込まれた社会における世論形成の諸相を記述・分析・考察した一冊。

セマンティック技術シリーズ
オントロジ技術入門
ウェブオントロジとOWL　CD-ROM付

AIDOS 編著
B5変型 158頁
ウェブオントロジ言語（OWL）を中心として，エージェント技術からオントロジを概観し，ウェブの分散環境でのオントロジ記述のためのOWLを解説。

WebCT：大学を変える eラーニングコミュニティ

エミットジャパン 編
B5変型 218頁
WebCTとはWebを用いた授業の設計・開発・管理を行うコース管理システム。本書は実際にWebCTを用いてeラーニングを導入している大学の教育実践例をまとめた。

大学eラーニング経営戦力
成功の条件

吉田文 他編著
A5判 224頁
eラーニング導入時に問題となる技術・コスト・教育効果について，国内の成功事例を取り上げて検証する。大学経営戦略としてのeラーニングの展開を提示する。

情報デザインシリーズ
実践インストラクショナルデザイン
事例で学ぶ教育設計

清水康敬 監修
B5変型 160頁
eラーニング教材作成のための具体的事例集。事例の疑似体験により段階的に技能の習得をはかる。

無線技術士・通信士試験受験参考書

合格精選 300 題 試験問題集
第一級陸上無線技術士
吉川忠久 著
B6 判　312 頁

これまでに実施された一陸技試験の既出問題を分野ごとに分類し，頻出問題と重要問題にしぼって 300 題を抽出した。小さなサイズに重要なエッセンスを詰め込んだ，携帯性に優れた学習ツール。

合格精選 300 題 試験問題集
第二級陸上無線技術士
吉川忠久 著
B6 判　312 頁

頻出問題・重要問題の問題と解説をページの裏表に収録して，効率よく学習できるように配慮。重要ポイントを繰り返し学習することで合格できるよう構成した。

1,2 陸技受験教室 1
無線工学の基礎
安達宏司 著
A5 判　252 頁

これまでに学んだ知識を確認する基礎学習と基本問題練習で構成した，無線従事者試験受験教室シリーズの第 1 巻。無線工学の基礎となる電気物理・電気回路・電気磁気測定をわかりやすく解説。

1,2 陸技受験教室 3
無線工学 B
吉川忠久 著
A5 判　240 頁

空中線系等とその測定機器の理論，構造及び機能，保守及び運用の解説と基本問題の解答解説。参考書としての総まとめ，問題集としての既出問題の研究とを兼ねているので，効率的に学習することができる。

第一級陸上特殊無線技士試験　集中ゼミ
吉川忠久 著
A5 判　304 頁

陸上特殊無線技士試験は，陸上移動通信，衛星通信などの無線設備の操作または操作の監督を行う無線従事者として，それらの無線設備の点検・保守を行う点検員として従事するときに必要な資格である。

合格精選 320 題 試験問題集
第一級陸上無線技術士 第 2 集
吉川忠久 著
B6 判　336 頁

新しい出題傾向に対応した既出問題を中心に，豊富な練習問題量を提供することを意図した試験対策問題集。既刊の一陸技問題集とあわせて問題練習を行えば，より合格を確実にすることができる。

合格精選 320 題 試験問題集
第二級陸上無線技術士 第 2 集
吉川忠久 著
B6 判　312 頁

新しい出題傾向に対応した既出問題を中心に，豊富な練習問題量を提供することを意図した試験対策問題集。既刊の二陸技問題集とあわせて問題練習を行えば，より合格を確実にすることができる。

1,2 陸技受験教室 2
無線工学 A
横山重明/吉川忠久 共著
A5 判　280 頁

無線設備と測定機器の理論，構造及び性能，測定機器の保守及び運用の解説と基本問題の解答解説を収録。これまでの試験を分析した結果に基づき，出題範囲・レベル・傾向にあわせた内容となっている。

1,2 陸技受験教室 4
電波法規
吉川忠久 著
A5 判　148 頁

電波法および関係法規，国際電気通信条約について，出題頻度の高いポイントの詳細な解説と，豊富な練習問題を収録した。既出問題の出題分析に基づいて構成した，合格への必携の書。

合格精選 370 題 試験問題集
第一級陸上特殊無線技士
吉川忠久 著
B6 判　254 頁

これまでに実施された一陸特試験の既出問題から頻出問題・重要問題を精選・収録した問題集。コンパクトなサイズに必要な練習問題を網羅して収録した，携帯性に優れた試験対策書である。

＊定価，図書目録のお問い合わせ・ご要望は出版局までお願い致します。